装配式混凝土建筑口袋书

构 件 制 作

Manufacturing in Factory for PC Buildings

主　编　高　中
副主编　张　健　许德民
参　编　张长飞

U0386465

机械工业出版社
CHINA MACHINE PRESS

本书由经验丰富的一线技术和管理人员编写而成，聚焦装配式混凝土建筑关键环节——预制构件制作，以简洁精练、通俗易懂的语言配合丰富的图片和案例，详细地介绍了预制构件制作的规范、工艺流程，设备与工具，原材料的验收与保管、制作准备，模具组装，门窗安装，脱模剂及缓凝剂涂刷，装饰面操作规程，钢筋、套筒、预埋件及预埋物入模，隐蔽工程验收，混凝土试配、搅拌与运送，混凝土浇筑，养护，脱模，质量检查，修补与表面处理，质量要点和安全与文明生产等，还介绍了预制构件的种类、存放、运输以及夹芯保温板制作等内容。

　　本书可作为装配式混凝土建筑预制构件生产企业的培训手册、管理手册、作业指导书和操作规程，是生产企业一线技术人员、管理人员和制作工人随身携带的工具书，对总包企业技术管理人员、工程监理人员、甲方技术人员也有很好的借鉴和参考价值。

图书在版编目（CIP）数据

　　装配式混凝土建筑口袋书. 构件制作/高中主编 .—北京：机械工业出版社，2019.1
　　ISBN 978-7-111-61511-8

　　Ⅰ. ①装…　Ⅱ. ①高…　Ⅲ. ①装配式混凝土结构 – 装配式构件　Ⅳ. ①TU37

中国版本图书馆 CIP 数据核字（2018）第 267931 号

机械工业出版社（北京市百万庄大街 22 号　邮政编码 100037）
策划编辑：薛俊高　责任编辑：薛俊高
封面设计：张　静　责任校对：刘时光
责任印制：孙　炜
天津翔远印刷有限公司印刷
2019 年 1 月第 1 版第 1 次印刷
119mm×165mm・9.375 印张・206 千字
标准书号：ISBN 978-7-111-61511-8
定价：29.80 元

凡购本书，如有缺页、倒页、脱页，由本社发行部调换

电话服务　　　　　　　　　　网络服务

服务咨询热线：010-88361066　机工官网：www.cmpbook.com
读者购书热线：010-68326294　机工官博：weibo.com/cmp1952
　　　　　　　010-88379203　金书网：www.golden-book.com
封面无防伪标均为盗版　　教育服务网：www.cmpedu.com

《装配式混凝土建筑口袋书》编委会

前　言

我非常荣幸地成为《装配式混凝土建筑口袋书》编委会的成员，并担任《构件制作》书的主编。

无论装配式建筑有多么大的优势，也无论装配式建筑方案制定得多么完美、设计得多么先进合理，最终的品质还是靠一线的技术人员、管理人员和制作工人去实现的，所以，装配式建筑项目成败的关键很大程度上取决于一线人员能否按照正确的方式进行规范的作业，做出合格优质的预制构件产品，为实现优质的装配式工程打下坚实基础。装配式建筑开展几年来的实践也证明了，所有优质的装配式建筑工程一定是由经过严格系统培训的、掌握了装配式建筑技术和操作技能的一线人员包括制作和安装人员严格按照设计和规范要求精心作业而实现的，凡是出现很多问题的装配式建筑工程都是因为不知其所以然、蛮干、乱干所造成的。所以，装配式建筑健康发展的当务之急是从事装配式建筑的一线技术人员、管理人员和制作工人真正掌握装配式建筑的原理、工艺和操作规程。

本书就是出于这个目的，聚焦于装配式混凝土建筑非常重要的环节——预制构件制作而编写的，目的是作为一线人员的工具书、作业指导书和操作规程，让一线人员按照正确的方式、正确的工法进行作业，以保证装配式预制构件及装配式混凝土建筑的品质，真正实现装配式混凝土建筑的优势。

本书是在郭学明先生为主任、许德民先生和张玉波先生为副主任的编委会指导下，以《装配式混凝土结构建筑的设计、制作与施工》（主编郭学明）及《装配式混凝土建筑构件工艺设计与制作 200 问》（丛书主编郭学明、主编李营）

两本技术书籍为基础，以相关国家规范及行业规范为依据，结合各位作者多年丰富的实际生产制作经验编写而成。全书以简洁精练、通俗易懂的语言配合丰富的现场图片和实际案例，在装配式混凝土建筑预制构件制作的原理、工艺、工法、设备等诸多方面进行了全面的疏理、深化和细化，以方便和适合一线人员的实际使用。

编委会主任郭学明先生指导、制定了本书的框架及章节提纲，给出了具体的写作意见，并对全书进行了审核；编委会副主任、本书副主编许德民先生对全书进行了修改和具体审核；编委会副主任张玉波先生对全书进行了校对和统稿。

本人十多年来一直从事装配式混凝土建筑预制构件制作的生产、技术和质量管理工作，积累了一些经验，为国内多家大中型预制构件工厂做过技术服务；副主编张健先生多年来一直从事预制构件的生产管理工作，具有丰富的管理和制作经验，现为沈阳兆寰现代建筑构件有限公司的工厂厂长；参编者张长飞先生近几年来一直负责预制构件生产方面的具体管理工作，现为沈阳兆寰现代建筑构件有限公司的工厂生产技术管理骨干。

本书共分 24 章。

第 1 章为装配式混凝土建筑简介，讲述了装配式建筑的基本概念，装配整体式混凝土建筑与全装配式混凝土建筑的概念，装配式混凝土建筑结构体系类型以及装配式混凝土建筑的连接方式等。

第 2 章介绍了装配式混凝土建筑的预制构件类型。

第 3 章讲述了预制构件制作的相关规范。

第 4~7 章介绍了预制构件制作工艺流程、设备与工具、原材料的验收与保管和制作准备等。

第 8~11 章描述了预制构件的模具组装、门窗安装、脱模剂及缓凝剂涂刷、装饰面操作规程等。

第12章和第13章介绍了相关部品入模、隐蔽工程验收等。

第14～19章详细介绍了预制构件制作的每一个作业环节，包括：混凝土试配、搅拌与运输，混凝土浇筑，养护，脱模，质量检查，修补与表面处理等。

第20章介绍了夹芯保温板制作的相关作业。

第21章和第22章分别介绍了预制构件的存放与运输。

第23章和第24章分别介绍了预制构件制作质量要点和安全与文明生产。

我作为主编对全书进行了初步统稿，并是第3章、第9～13章、第16章的主要编写者；副主编张健是第5～7章、第14章、第15章、第21章、第23章、第24章的主要编写者；副主编许德民是第1章和第2章主要编写者，同时对其他部分的有些章节进行了较大篇幅的修改、补充和完善。参编张长飞是第4章、第8章、第17～20章、第22章的主要编写者；其他编委会成员也通过群聊、讨论的方式为本书贡献了许多有益的内容或思路。

感谢上海君道住宅工业有限公司总裁顾建安先生对本书主要作者的指导和支持，并为本书提供的文字资料和照片。

感谢李营先生、叶汉河先生为本书提出了修改意见并给予全力的技术支持；感谢叶贤博先生对本书部分章节提出了修改意见，并提供了文字资料和照片；感谢张晓峰先生提供的照片和资料。

由于装配式混凝土建筑在我国发展较晚，有很多制作工艺和技术尚未成熟，正在研究探索之中，加之作者水平和经验有限，书中难免有不足之处，敬请读者批评指正。

本书主编　高中

目　录

第1章　装配式混凝土建筑简介

本章介绍装配式建筑（1.1）、装配式混凝土建筑（1.2）、装配整体式混凝土建筑与全装配式混凝土建筑（1.3）、装配式混凝土建筑结构体系类型（1.4）和装配式混凝土建筑连接方式（1.5）。

1.1　装配式建筑

1. 常规概念

一般来说，装配式建筑是指由预制部件通过可靠连接方式建造的建筑。按照这个理解，装配式建筑有两个主要特征：

1）构成建筑的主要构件特别是结构构件是预制的。

2）预制构件的连接方式是可靠的。

2. 国家标准定义

按照 2016 年实施的有关装配式混凝土建筑、装配式钢结构建筑和装配式木结构建筑的国家标准中关于装配式建筑的定义，装配式建筑是指结构系统、外围护系统、内装系统、设备与管线系统的主要部分采用预制部品部件集成的建筑。

这个定义强调装配式建筑是 4 个系统（而不仅仅是结构系统）的主要部分采用预制部品部件集成的，见图1-1。

图 1-1　装配式建筑在国家标准定义中的 4 个系统示意图

3. 对国家标准定义的理解

国家标准关于装配式建筑的定义既有现实意义，又有长远意义。这个定义基于以下国情：

1）近年来我国建筑特别是住宅建筑的规模是人类建筑史上前所未有的，如此大的规模特别适于建筑产业全面（而不仅仅是结构部件）实现工业化与现代化。

2）目前我国建筑标准低，适宜性、舒适度和耐久性还比较差，大多是以毛坯房的形式交付，而且管线埋设在混凝土中，顶棚无吊顶，地面不架空，排水不同层等。强调4个系统集成，有助于建筑标准的全面提升。

3）我国建筑业施工工艺还比较落后，不仅在结构施工方面，而且体现在包括设备管线系统和内装系统方面，标准化模具化程度都还比较低，与发达国家比较有较大的差距。

4）由于建筑标准低和施工工艺落后，材料、能源消耗高，我国建筑是节能减排的重要战场。

鉴于以上各点，强调4个系统的集成，不仅是"补课"的需要，更是适应现实、面向未来的需要。通过推广以4个系统集成为主要特征的装配式建筑，对于我国全面提升建筑现代化水平，提高环境效益、社会效益和经济效益都有着非常积极且长远的意义。

4. 装配式建筑的分类

1）装配式建筑按主体结构材料分类，有装配式混凝土建筑（图1-2）、装配式钢结构建筑（图1-3）、装配式木结构建筑（图1-4）和装配式组合结构建筑（图1-5）等。

图 1-2 装配式混凝土建筑（沈阳丽水新城——我国最早的一批装配式建筑）

图 1-3 装配式钢结构建筑（美国科罗拉多州空军小教堂）

图 1-4 世界最高的装配式木结构建筑（温哥华 UBC 大学学生公寓楼，高 53m）

图 1-5 装配式组合结构建筑（东京鹿岛赤坂大厦，为混凝土结构与钢结构组合）

2）装配式建筑按结构体系分类，有框架结构、框架-剪力墙结构、筒体结构、剪力墙结构、无梁板结构、空间薄壁结构、悬索结构和预制钢筋混凝土柱单层厂房结构等。

1.2 装配式混凝土建筑

1. 装配式混凝土建筑的定义

按照国家标准对装配式混凝土建筑的定义，装配式混凝土建筑是指建筑的结构系统由混凝土部件构成的装配式建筑。而装配式建筑又是结构、外围护、内装、设备与管线系统的主要部品部件预制集成的建筑。如此，装配式混凝土建筑有以下两个主要特征：

第一个特征是构成建筑结构的构件是混凝土预制构件。

第二个特征是装配式混凝土建筑是由 4 个系统——结构、外围护、内装、设备与管线系统的主要部品部件预制集成的建筑。

国际建筑界习惯把装配式混凝土建筑简称为 PC 建筑。PC 是英语 Precast Concrete 的缩写，是预制混凝土的意思。

2. 装配式混凝土建筑的预制率和装配率

近年来，国家和各级政府主管建筑的部门在推广装配式建筑特别是装配式混凝土建筑时，经常会用到预制率和装配率的概念。

（1）预制率　预制率（Precast Ratio）一般是指装配式混凝土建筑中，建筑室外地坪以上的主体结构和围护结构中，预制构件部分的混凝土用量占混凝土总用量的体积比。

装配式混凝土建筑按预制率的高低可分为：小于 5% 为局部使用预制构件；5% ~20% 为低预制率；20% ~50% 为普通预制率；50% ~70% 为高预制率；70% 以上为超高预制率，

见图 1-6。这里需要说明的是，全装配式混凝土结构的预制率最高可以达到 100%，但装配整体式混凝土结构的预制率最高只能达到 90% 左右。

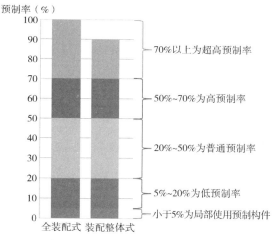

图 1-6　装配式混凝土建筑的预制率

（2）装配率　按照国家标准《装配式建筑评价标准》GB/T 51129—2017 的定义，装配率（Prefabrication Ratio）是指单体建筑室外地坪以上的主体结构、围护墙和内隔墙、装修和设备管线等采用预制部品部件的综合比例。

装配率应根据表 1-1 中的评价分值按下式计算：

$$P = \frac{Q_1 + Q_2 + Q_3}{100 - Q_4} \times 100\% \qquad 式（1-1）$$

式中　P——装配率；

Q_1——主体结构指标实际得分值；

Q_2——围护墙和内隔墙指标实际得分值；

Q_3——装修和设备管线指标实际得分值；

Q_4——计算项目中缺少的计算项分值总和。

表 1-1 装配式建筑评分

评价项		指标要求	计算分值	最低分值
主体结构（50分）	柱、支撑、承重墙、延性墙板等竖向构件	35%≤比例≤80%	20～30*	20
	梁、板、楼梯、阳台、空调板等构件	70%≤比例≤80%	10～20*	
围护墙和内隔墙（20分）	非承重围护墙非砌筑	比例≥80%	5	10
	围护墙与保温、隔热、装饰一体化	50%≤比例≤80%	2～5*	
	内隔墙非砌筑	比例≥50%	5	
	内隔墙与管线、装修一体化	50%≤比例≤80%	2～5*	
装修和设备管线（30分）	全装修	—	6	6
	干式工法楼面、地面	比例≥70%	6	—
	集成厨房	70%≤比例≤90%	3～6*	
	集成卫生间	70%≤比例≤90%	3～6*	
	管线分离	50%≤比例≤70%	4～6*	

注：表中带"＊"项的分值采用"内插法"计算，计算结果取小数点后1位。

3. 国内装配式混凝土建筑的实例

我国装配式混凝土建筑的历史始于20世纪50年代，到80年代达到高潮，预制构件厂一度星罗棋布。但这些装配式混凝土建筑由于抗震、漏水、透寒等问题没有很好地解决而日渐式微，到 90 年代初期，预制板厂大多都销声匿迹，现浇混凝土结构成为建筑舞台的主角。

进入 21 世纪后，由于建筑质量、劳动力成本和节能减排等因素，我国重新启动了装配式进程，近 10 年来取得了非常大的进展，引进了国外成熟的技术，自主研发了一些具有我国特点的技术，并建造了一些装配式混凝土建筑，积累了宝贵的经验，也得到了一些教训。

图 1-7 是我国第一个在土地出让环节加入装配式建筑要求的商业开发项目，也是我国第一个大规模采用装配式建筑方式建设的商品住宅项目——沈阳万科春河里项目的 17 号楼。

图 1-8 是目前国内应用最为广泛的剪力墙结构高层住宅。

图 1-7　沈阳万科春河里 17 号楼（我国最早的高预制率框架结构装配式混凝土建筑）

图 1-8　上海浦江保障房（国内应用最为广泛的剪力墙结构装配式混凝土建筑）

图 1-9 是某大型装配式混凝土结构工业厂房。

图 1-10 是应用于公用建筑外围护结构的清水混凝土外挂墙板。

图 1-9 某大型装配式混凝土结构工业厂房（单体建筑面积超 10 万 m^2）

图 1-10 应用于公用建筑外围护结构的清水混凝土外挂墙板（包含平面板、曲面板和双曲面板等）

1.3 装配整体式混凝土建筑与全装配式混凝土建筑

装配式混凝土建筑根据预制构件连接方式的不同，分为装配整体式混凝土建筑和全装配式混凝土建筑。

1.3.1 装配整体式混凝土建筑

按照行业标准《装配式混凝土结构技术规程》JGJ 1—2014（以下简称《装规》）和国家标准《装配式混凝土建筑技术标准》GB/T 51231—2016（以下简称《装标》）的定义，装配整体式混凝土结构是指由预制混凝土构件通过可靠的连接方式进行连接并与现场后浇混凝土、水泥基灌浆料形成整体的装配式混凝土结构。简言之，装配整体式混凝土结构的连接以"湿连接"为主要方式（图 1-11），见本章 1.5 节。

装配整体式混凝土结构具有较好的整体性和抗震性。目前，大多数多层和全部高层装配式混凝土建筑都是装配整体式，有抗震要求的低层装配式建筑也多是装配整体式结构。

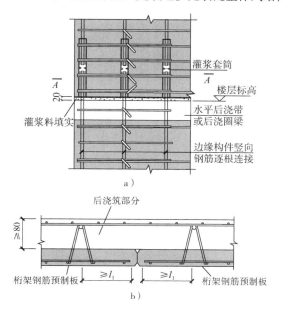

图 1-11　装配整体式建筑的"湿连接"节点

a）灌浆套筒连接节点图　b）后浇混凝土连接节点图

1.3.2　全装配式混凝土建筑

全装配式混凝土结构是指预制混凝土构件靠"干连接"，即用螺栓连接或焊接形成的装配式建筑。

全装配式混凝土建筑整体性和抗侧向作用的能力较差，不适于高层建筑。但它具有构件制作简单、安装便利、工期短、成本低等优点。国外许多低层和多层建筑都采用全装配式混凝土结构（图 1-12）。

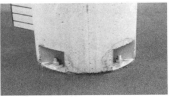

图 1-12　全装配式混凝土建筑——美国凤凰城图书馆里的
"干连接"节点

1.4　装配式混凝土建筑结构体系类型

作为装配式混凝土建筑工程的从业者，应当对装配式混凝土建筑结构体系有大致的了解。

1.4.1　框架结构

框架结构是以柱、梁为主要构件组成的承受竖向和水平作用的结构，选用装配式建筑方案时，其预制构件可包括预制楼梯、预制叠合板、预制柱和预制梁等。框架结构适用于多层和小高层装配式建筑，是应用非常广泛的结构体系之一（图 1-13 和图 1-14）。

图 1-13　框架结构平面示意图　　图 1-14　框架结构立体示意图

1.4.2 框架-剪力墙结构

框架-剪力墙结构是由柱、梁和剪力墙共同承受竖向和水平作用的结构，选用装配式建筑方案时，其预制构件可包括预制楼梯、预制叠合板、预制柱和预制梁等，但其中剪力墙部分一般为现浇。框架-剪力墙结构适用于高层装配式建筑，在国外应用较多（图 1-15 和图 1-16）。

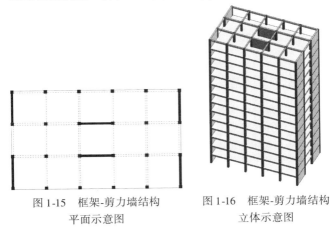

图 1-15　框架-剪力墙结构
平面示意图

图 1-16　框架-剪力墙结构
立体示意图

1.4.3 剪力墙结构

剪力墙结构是由剪力墙组成的承受竖向和水平作用的结构，剪力墙与楼盖一起组成空间体系。选用装配式建筑方案时，其预制构件可包括预制楼梯、预制叠合板、预制剪力墙等。剪力墙结构可用于多层和高层装配式建筑，在国内应用较多，国外高层建筑应用较少（图 1-17 和图1-18）。

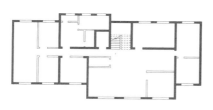

图 1-17　剪力墙结构平面示意图　　　图 1-18　剪力墙结构
立体示意图

1.4.4　框支剪力墙结构

框支剪力墙结构是剪力墙因建筑要求不能落地，只能直接设置在下层框架梁上，再由框架梁将荷载传至框架柱上的结构体系。选用装配式建筑方案时，其预制构件可包括预制楼梯、预制叠合板和预制剪力墙等，但其中下层框架部分一般为现浇。框支剪力墙结构可用于底部商业（大空间）和上部住宅的建筑（图 1-19 和图 1-20）。

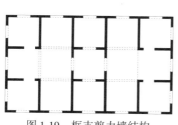
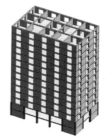

图 1-19　框支剪力墙结构
平面示意图

图 1-20　框支剪力墙
结构立体示意图

1.4.5　筒体结构

筒体结构是将剪力墙或密柱框架集中到房屋的内部和外围而形成的空间封闭式的筒体，根据内部和外围的组合不同，其可分为密柱单筒结构（图1-21和图1-22）、密柱双筒结构、密柱+剪力墙核心筒结构、束筒结构和稀柱+剪力墙核心筒结构等。选用装配式建筑方案时，其预制构件可包括预制楼梯、预制叠合板、预制柱和预制梁等。筒体结构适用于高层和超高层装配式建筑，在国外应用较多。

图1-21　筒体结构
（密柱单筒）平面示意图

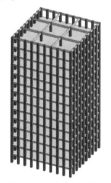

图1-22　筒体结构
（密柱单筒）立体示意图

1.4.6　无梁板结构

无梁板结构是由柱、柱帽和楼板组成的承受竖向与水平作用的结构。选用装配式建筑方案时，其预制构件可包括预制楼梯、预制叠合板、预制柱等。无梁板结构适用于商场、停车场、图书馆等大空间装配式建筑（图1-23和图1-24）。

图 1-23　无梁板结构平面示意图

图 1-24　无梁板结构立体示意图

1.4.7　单层厂房结构

单层厂房结构是由钢筋混凝土柱、轨道梁、预应力混凝土屋架或钢结构屋架组成承受竖向和水平作用的结构。选用装配式建筑方案时，其预制构件可包括预制柱、预制轨道梁、预应力屋架等。单层厂房结构适用用于工业厂房装配式建筑（图 1-25 和图 1-26）。

图 1-25　单层厂房结构
平面示意图

图 1-26　单层厂房结构
立体示意图

1.4.8　空间薄壁结构

空间薄壁结构是由曲面薄壳组成的承受竖向与水平作用的结构。选用装配式建筑方案时，其预制构件可包括预制楼梯、预制叠合板和预制外围护挂板等。空间薄壁结构适用于大型装配式公共建筑（图1-27）。

图1-27　空间薄壁结构实例——悉尼歌剧院

1.5　装配式混凝土建筑连接方式

1.5.1　连接方式概述

连接是装配式混凝土建筑最关键的环节，也是保证结构安全而需要重点监理的环节。

装配式混凝土建筑的连接方式主要分为两大类：湿连接和干连接。

湿连接是用混凝土或水泥基浆料与钢筋结合形成的连接，如套筒灌浆、浆锚搭接和后浇混凝土等，适用于装配整体式混凝土建筑的连接；干连接主要借助于金属连接，如螺栓连接、焊接等，适用于全装配式混凝土建筑的连接和装配整体式混凝土建筑中的外挂墙板等非主体结构构件的连接。

湿连接的核心是钢筋连接，包括套筒灌浆连接、浆锚搭接、机械套筒连接、注胶套筒连接、绑扎连接、焊接、锚环钢筋连接、钢索钢筋连接、后张法预应力连接等。湿连接还包括预制构件与现浇接触界面的构造处理，如键槽和粗糙面，以及其他方式的辅助连接，如型钢螺栓连接。

干连接用得最多的方式是螺栓连接、焊接和搭接。

为了使读者对装配式混凝土建筑连接方式有一个清晰的全面了解，这里给出了装配式混凝土结构连接方式一览，见图 1-28。

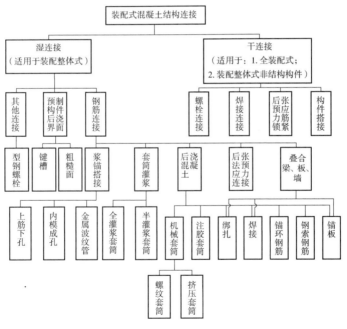

图 1-28　装配式混凝土结构连接方式一览

1.5.2 主要连接方式简介

1. 套筒灌浆连接

套筒灌浆连接是装配整体式结构最主要最成熟的连接方式，由美国人在 1970 年发明，至今已经有 40 多年的历史，得到广泛应用，目前在日本应用最多，用于很多超高层建筑，最高的建筑有 208m，是日本大阪的北浜公寓（图 1-29）。日本套筒灌浆连接的装配式混凝土建筑经历过多次地震考验。

图 1-29 日本大阪北浜公寓

套筒灌浆连接的工作原理是：将需要连接的带肋钢筋插入金属套筒内"对接"，在套筒内注入高强早强且有微膨胀特性的灌浆料拌合物，灌浆料拌合物在套筒筒壁与钢筋之间形成较大的正向应力，在钢筋带肋的粗糙表面产生较大的摩擦力，由此得以传递钢筋的轴向力（图 1-30）。

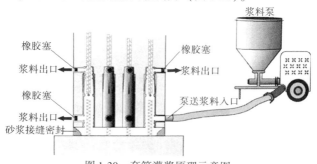

图 1-30 套筒灌浆原理示意图

2. 浆锚搭接

浆锚搭接的工作原理是：将需要连接的带肋钢筋插入预制构件的预留孔道里，预留孔道内壁是螺旋形的。钢筋插入孔道后，在孔道内注入高强早强且有微膨胀特性的灌浆料拌合物，锚固住插入钢筋。在孔道旁边，是预埋在构件中的受力钢筋，插入孔道的钢筋与之"搭接"，两根钢筋共同被螺旋筋或箍筋所约束（见图1-31）。

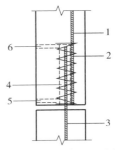

图 1-31　浆锚搭接原理示意图
1—连接钢筋　2—箍筋　3—插筋
4—空腔　5—灌浆孔　6—出浆孔

浆锚搭接螺旋孔成孔有两种方式：一种是埋设金属波纹管成孔；另一种是用螺旋内模成孔。前者在实际应用中更为可靠一些。

3. 后浇混凝土

后浇混凝土是指预制构件安装后在预制构件连接区或叠合层现场浇筑的混凝土。在装配式建筑中，基础、首层、裙楼、顶层等部位的现浇混凝土，就叫现浇混凝土；连接和叠合部位的现浇混凝土叫"后浇混凝土"。

后浇混凝土是装配整体式混凝土结构的非常重要的连接方式。到目前为止，世界上所有的装配整体式混凝土结构建筑，都会有后浇混凝土。

钢筋连接是后浇混凝土连接节点最重要的环节，见图1-32。后浇区钢筋连接方

图 1-32　后浇混凝土区域的
受力钢筋连接

式包括：机械（螺纹、挤压）套筒连接；注胶套筒连接（日本应用较多）；灌浆套筒连接；钢筋搭接；钢筋焊接等。

4. 粗糙面与键槽

预制混凝土构件与后浇混凝土的接触面须做成粗糙面或键槽，以提高抗剪能力。试验表明，不计钢筋作用的平面、粗糙面和键槽混凝土抗剪能力的比例关系是 1∶1.6∶3，即，粗糙面抗剪能力是平面抗剪能力的 1.6 倍，键槽是平面的 3 倍。所以，预制构件与后浇混凝土接触面或做成粗糙面，或做成键槽，或两者兼有。

（1）粗糙面　对于压光面（如叠合板、叠合梁表面）在混凝土初凝前"拉毛"形成粗糙面，见图 1-33。

对于模具面（如梁端、柱端表面），可在模具上涂刷缓凝剂，拆模后用水冲洗未凝固的水泥浆，露出骨料，形成粗糙面。

（2）键槽　键槽是靠模具凸凹成型的。图 1-34 是日本预制柱底部的键槽。

图 1-33　预应力叠合板压光面　　　图 1-34　日本预制柱底部的键槽
　　　　　处理成粗糙面

1.5.3　连接方式适用范围

装配式混凝土建筑连接方式及适用范围见表1-2。这里需要强调的是，套筒灌浆连接方式是竖向构件最主要的连接方式之一。

表 1-2　装配式混凝土建筑连接方式及适用范围

类别		序号	连接方式	可连接的构件	适用范围
湿连接	灌浆	1	套筒灌浆	柱、墙	适用于各种结构体系高层建筑
		2	内模成孔浆锚搭接	柱、墙	房屋高度小于三层或12m的框架结构，二、三级抗震的剪力墙结构（非加强区）
		3	金属波纹管浆锚搭接	柱、墙	适用于各种结构体系高层建筑
	后浇混凝土钢筋连接	4	机械（螺纹、挤压）套筒钢筋连接	梁、楼板	适用于各种结构体系高层建筑
		5	注胶套筒钢筋连接	梁、楼板	适用于各种结构体系高层建筑
		6	灌浆套筒钢筋连接	梁	适用于各种结构体系高层建筑
		7	环形钢筋绑扎连接	墙水平连接	适用于各种结构体系高层建筑
		8	直钢筋绑扎搭接	梁、楼板、阳台板、挑檐板、楼梯板固定端	适用于各种结构体系高层建筑
		9	直钢筋无绑扎搭接	双面叠合板剪力墙、圆孔剪力墙	适用于剪力墙结构体系高层建筑
		10	钢筋焊接	梁、楼板、阳台板、挑檐板、楼梯板固定端	适用于各种结构体系高层建筑
	后浇混凝土	11	套环连接	墙水平连接	适用于各种结构体系高层建筑
		12	绳索套环连接	墙水平连接	适用于多层框架结构和低层结构
	其他连接	13	型钢	柱	适用于框架结构体系高层建筑

类别	序号	连接方式	可连接的构件	适用范围
湿连接				
叠合构件后浇混凝土连接	14	钢筋折弯锚固	叠合梁、叠合板、叠合阳台等	适用于各种结构体系高层建筑
	15	钢筋锚板锚固	叠合梁	适用于各种结构体系高层建筑
预制混凝土与后浇混凝土连接面	16	粗糙面	各种接触后浇混凝土的预制构件	适用于各种结构体系高层建筑
	17	键槽	柱、梁等	适用于各种结构体系高层建筑
干连接	18	螺栓连接	楼梯、墙板、梁、柱	楼梯构件适用于各种结构体系高层建筑。主体结构构件适用于框架结构或装配式墙板结构低层建筑
	19	构件焊接	楼梯、墙板、梁、柱	楼梯构件适用于各种结构体系高层建筑。主体结构构件适用于框架结构或装配式墙板结构低层建筑

第2章 装配式混凝土建筑预制构件

本章介绍装配式混凝土建筑常见预制混凝土构件（本书简称为预制构件）的种类及应用，其中包括框架结构的柱梁（2.1）、剪力墙结构的墙板（2.2）、楼板（2.3）、外挂墙板（2.4）和其他预制构件（2.5）。

2.1 框架结构的柱梁

1. 柱

柱是建筑物中垂直的主结构构件。装配式混凝土建筑的预制柱截面小，高度大，竖立稳定性差，因此在制作和运输中多采用水平作业的方式。预制柱主要有以下几种类型：

（1）单层柱 单层柱按形状分为方柱（图2-1）、矩形柱、L形柱（图2-2）、圆柱（图2-3）、T形扁柱（图2-4）和带冀缘柱（图2-5）或其他异形柱。

图2-1　方柱

图2-2　L形柱

图2-3　圆柱

图2-4　T形扁柱

单层柱顶部一般与梁连接，如顶部为无梁板结构，可采用柱帽与板过渡连接（图2-6）。

图2-5 带翼缘柱

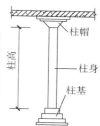

图2-6 柱帽

（2）越层柱 越层柱就是某一层或几层为了大空间等效果，不设楼板及框架梁，直接采用穿越两层或多层的单根预制柱。

越层柱一般设计成方柱或圆柱。

越层柱因其高度尺寸大，制作时应编写专项作业方案，特别是脱模、存放，吊运等应严格按照专项作业方案进行。

（3）跨层柱 跨层柱是指穿越两层或两层以上的预制柱，与越层柱的区别是每层都与结构梁或板连接。

跨层柱一般设计成方柱或圆柱，包括连筋柱（图2-7）和有连结构造的柱（图2-8）。

图2-7 跨层方柱

图2-8 跨层圆柱

跨层柱与越层柱同样因其高度尺寸大，制作时也应编写专项作业方案，特别是脱模、存放、吊运等应严格按照专项作业方案进行作业。

（4）工业厂房柱　工业厂房柱按受力状况分为框架柱、抗风柱、构造柱等。

常见的框架柱为了放置吊车梁等需设置外挑承重模式，一般称其为牛腿柱，牛腿柱分为单侧承重和双侧承重两种（图2-9）。

图2-9　牛腿柱（左侧为双侧承重式，右侧为单侧承重式）

2. 梁

梁是建筑结构中的水平受力构件。装配式混凝土建筑的预制梁也应采用水平制作、水平运输的方式。预制梁主要有以下几种类型：

（1）普通梁　普通梁包括矩形梁（图2-10）、凸形梁（图2-11）、T形梁（图2-12）、带挑耳梁（图2-13）、工字形梁（图2-14）、U形梁（图2-15）等。

T形梁两侧挑出部分称为翼缘，中间部分称为梁肋。工字形梁由上下翼缘和中部腹板组成T形梁和工字形梁在制作、存放时稳定性差，应采取防倾倒措施。

图 2-10 矩形梁

图 2-11 凸形梁

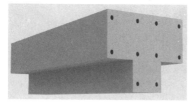

图 2-12 T形梁

图 2-13 带挑耳梁

图 2-14 工字形梁

图 2-15 U形梁

（2）叠合梁 叠合梁是分两次浇捣混凝土的梁（图2-16）。首先在预制工厂做成预制梁，当预制梁在施工现场吊装安放完成后，再浇捣上部的混凝土使其连成整体。

图 2-16 叠合梁

（3）连体梁 连体梁也称为连筋式叠合梁，是指在预制时将多跨的主梁底部受力筋连接，梁中上部承压区用临时机具固定，在安装完成后与其他构件用现浇混凝土连接的一种梁（图2-17）。其特点是受力筋无须二次连接，保证了强度，便于施工。

图 2-17 连体梁

（4）连梁 连梁是指在剪力墙结构和框架-剪力墙结构中，连接墙肢与墙肢，在墙肢平面内相连的梁（图2-18），连梁一般为叠合梁。

图 2-18 连梁

3. 柱梁一体

柱梁一体化预制构件是指将梁与柱或柱头整体浇筑成型的一种预制构件，一般用于大跨度框架结构体系中。在装配式混凝土建筑中柱梁一体化预制构件主要有以下几种类型：

（1）单莲藕梁 单莲藕梁（图2-19）是指一个柱头与两侧梁整体预制成型的一体化预制构件，柱头部位预留若干于穿插钢筋的孔洞。

单莲藕梁采用水平浇筑的方式，制作时关键要控制好柱头部位预留孔的位置和误差，工厂应制作柱头部位预留孔检测器具，运送到存放场地前进行检测试验；还应注意**柱头部位与梁部位通常使用不同强度等级的混凝土，柱头部位常采用的混凝土强度等级较高。**

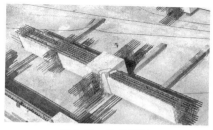

图 2-19　单莲藕梁

（2）双莲藕梁

双莲藕梁（图 2-20）是指梁及两端的柱头整体预制成型的一体化预制构件，有的将两侧柱头的外梁段也一并预制，柱头部位预留若干用于穿插钢筋的孔洞。

图 2-20　双莲藕梁

双莲藕梁也采用水平浇筑的方式，除了控制好柱头部位预留孔位置和误差外，还需控制好两个柱头部位之间的误差，工厂也应制作柱头部位预留孔检测器具，运送到存放场地前进行检测试验；也应注意柱头部位与梁部位通常使用不同强度等级的混凝土。

（3）T 形梁柱　T 形梁柱（图 2-21）是指单向梁与柱整体预制成型的柱梁一体化预制构件。

T 形梁柱宜采用水平浇筑的方式，制作时关键要控制好柱端梁的位置及角度；还要注意柱和梁使用的混凝土强度等级是

否一致。T形梁柱可采用水平运输方式也可立式运输方式。

（4）平面十字形梁柱　平面十字形梁柱（图2-22）是指双向梁与柱整体预制成型的柱梁一体化预制构件。

平面十字形梁柱应采用竖立浇筑的方式，制作时关键也是要控制好柱端梁的位置及角度；还要注意柱和梁使用的混凝土强度等级是否一致。平面十字形梁柱多采用立式运输方式。

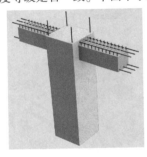 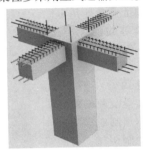

图2-21　T形梁柱　　　　　图2-22　平面十字形梁柱

2.2　剪力墙结构的墙板

1. 剪力墙结构的墙板

剪力墙结构的墙板是建筑承载的主体，分为剪力墙内墙板和剪力墙外墙板。

剪力墙板多采用水平浇筑，立式存放和运输。为确保安全，存放和运输时通常采用专用钢架。

剪力墙板按其形状分为标准形墙板（图2-23）、T形墙板（图2-24）、L形墙板（图2-25）和U形墙板（图2-26）等；按其构造形式分为实心墙板（图2-27）、双面叠合墙板（图2-28）、夹芯保温墙板（图2-29）和预制圆孔墙板（图2-30）等。

图 2-23　标准形墙板

图 2-24　T 形墙板

图 2-25　L 形墙板

图 2-26　U 形墙板

图 2-27　实心墙板

图 2-28　双面叠合墙板

图2-29　夹芯保温墙板　　　图2-30　预制圆孔墙板

2. 框架结构和剪力墙结构主要预制构件的连接方式

在框架结构或剪力墙结构体系中，预制构件的连接方式主要有以下几种类型：

（1）柱与柱纵向连接　柱与柱纵向连接（图2-31），上层柱根部的套筒或浆锚孔与下层柱伸出钢筋完全对应，保证偏差在允许范围之内，连接方式为套筒灌浆连接（图2-32）或浆锚搭接（图2-33）。

图2-31　柱与柱连接实例

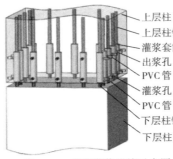

上层柱
上层柱钢筋
灌浆套筒
出浆孔
PVC管
灌浆孔
PVC管
下层柱钢筋
下层柱

图2-32　套筒灌浆连接示意图

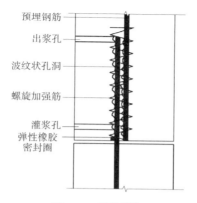

图 2-33　浆锚搭接

（2）剪力墙与剪力墙纵向连接　剪力墙与剪力墙纵向连接，上层墙底部的套筒或浆锚孔与下层墙上方伸出钢筋完全对应，保证偏差在允许范围之内，连接方式为套筒灌浆连接或浆锚搭接（图 2-34）。

图 2-34　剪力墙与剪力墙连接实例

（3）柱与梁垂直连接 柱与梁垂直连接主要有四种类型：

1）柱的侧面与梁连接点的位置伸出钢筋，柱与梁采用后浇混凝土连接（图2-35）。

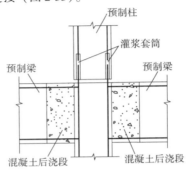

图2-35 侧面伸出钢筋的柱与梁连接示意图

2）柱梁一体化预制构件梁的部分与梁采用后浇混凝土连接。

以上两种情况钢筋连接，国内一般采用机械套筒，日本通常采用注胶套筒，国内当作业不方便时有时也采用灌浆套筒。

3）采用莲藕梁时，柱与梁采用灌浆连接（图2-36和图2-37）。

4）柱与梁在柱的支座部位连接，梁的钢筋伸入到柱的支座里，柱与梁采用后浇混凝土连接（图2-38和图2-39）。

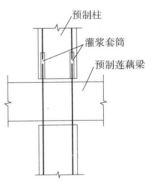

图2-36 柱与莲藕梁连接示意图

钢筋连接时如果钢筋锚固长度不够，可以采用钢筋折弯、钢筋加锚固板或采用机械套筒，个别也可以采用灌浆套筒。

图 2-37 柱与莲藕梁连接实例

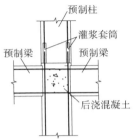

图 2-38 柱与梁在柱的
支座部位连接示意图

（4）梁与梁连接 梁与梁连接（图 2-40）主要有两种方式：一种是梁与梁纵向钢筋连接后再采用后浇混凝土连接；另一种是主梁与次梁连接，一般是从主梁侧面连接点位置伸出钢筋，主梁与次梁采用后浇混凝土连接。梁与梁的钢筋连接也多是采用机械套筒，也可采用注胶套筒或灌浆套筒。

图 2-39 柱与梁在柱的支座
部位连接实例

图 2-40 梁与梁连接实例

2.3 楼板

装配式混凝土建筑的预制楼板采用水平浇筑、水平运输的方式，存放和运输时应保证各层支点在同一垂直线上。预制楼板主要有以下几种类型：

1. 叠合楼板

叠合楼板是由预制底板和现浇混凝土层叠合而成的装配整体式楼板（图2-41）。

图2-41　叠合楼板

叠合楼板用作现浇混凝土层的底模，不必为现浇层再支撑模板。叠合楼板底面光滑平整，板缝经处理后，顶棚可以不再抹灰。

叠合楼板具有现浇楼板的整体性、刚度大、抗裂性好和节约模板等优点。

叠合楼板又分为单向板和双向板，单向板两个侧面不出筋，双向板两个侧面出筋。

2. 实心楼板

实心楼板是指在构件工厂中加工生产的无中空平面承重预制构件（图2-42）。

实心楼板分为单向板、双向板、悬挑板等。因结构简单，实心楼板特别适用于平面尺寸较小的房间，如厨房、卫生间、公共建筑的走廊等部位。在建筑设计轻量化、绿色化、实用化的发展趋势下，实心楼板逐渐被空心楼板、叠合楼板等取代。

图 2-42　实心楼板

3. 预应力空心楼板

为提高楼板的承载力、增大跨度并控制自重，采用先张法预应力布筋方式，并在混凝土板中部非受力部位用预置芯模减少混凝土用量，这种组合形式预制加工的楼板为预应力空心楼板（图 2-43）。

预应力空心楼板比普通楼板自重轻，重量约是实心楼板的一半左右，但承载力更高，尤其承载动荷载能力更强，常用于工业厂房、桥梁等跨度较大的建筑中。

4. 预应力叠合楼板

预应力叠合楼板结构是由预制的预应力薄板和现场浇筑的混凝土叠合层形成的楼板（图 2-44），预制的预应力薄板（厚 5~8cm）与上部现浇混凝土层结合成为一个整体。

图 2-43　预应力空心楼板

图 2-44　预应力叠合楼板

预应力叠合楼板跨度一般在 8m 以内，能广泛用于旅馆、办公楼、学校、住宅、医院、仓库、停车场、多层工业厂房等各种房屋建筑工程。

5. 双 T 板

双 T 板是板、梁结合的承载预制构件，由宽大的面板和两根窄而高的肋组成，其板面既是横向承重结构，又是纵向承重肋的受压区。

双 T 板具有良好的结构力学性能，明确的传力层次，简洁的几何形状，是一种可制成大跨度、大覆盖面积的和比较经济的承载预制构件，一般用于大跨度工厂的屋面（图2-45）。

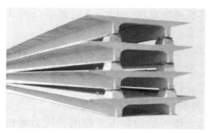

图 2-45　双 T 板

2.4　外挂墙板

装配式建筑的外挂墙板是装饰围护一体化，并在工厂预制加工成具有各类形态或质感的预制构件。外挂墙板在制作过程中应确保预埋的安装节点位置准确，存放、运输、安装过程中应注意保护安装节点，以免受到损坏。

外挂墙板按其安装方向分为横向外挂板（图2-46）和竖向外挂板（图2-47）；根据采光方式分为有窗外挂板（图2-48）和无窗外挂板（图2-49）；根据其表面肌理、造型、颜色、工艺技术等主要分为清水类、模具造型类、异形曲面类、彩色类、水磨洗出类及光影成像类等外挂墙板（图2-50）。

图 2-46　横向外挂墙板

图 2-47　竖向外挂墙板

图 2-48　有窗外挂墙板

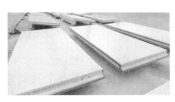
图 2-49　无窗外挂墙板

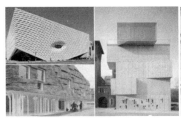
图 2-50　不同艺术造型的外挂墙板

　　外挂墙板因其可塑性强、造型丰富、结构耐久、便于施工安装等特点，在大型艺术场馆类或公共建筑类建筑上已得到广泛应用。

2.5 其他预制构件

1. 楼梯

楼梯（图2-51）分为梯段、平台梁和平台板三部分。

图 2-51 楼梯

楼梯由工厂预制生产，现场安装，质量、效率极大提高，节约工期及人工成本，安装后无需再做饰面，外观好，结构施工段支撑少易通行，生产工厂和安装现场无垃圾产生，在装配式建筑中应用广泛。

2. 阳台板、空调板、遮阳板

阳台板（图2-52）、空调板（图2-53）及遮阳板（图2-54）等在工厂预制，可以节省工地支模的人工费用、材料费用，有效地提高现场施工效率，保证质量，节约工期。

图 2-52 阳台板　　图 2-53 空调板　　图 2-54 遮阳板

3. 凸窗（飘窗）

凸窗作为部品预制构件，其结构同时包含水平预制构件和竖向预制构件。凸窗（图2-55）在工厂预制，有效地提高了现场施工效率，保证质量，节约工期。

图2-55　凸窗

4. 非线性预制构件

非线性预制构件（图2-56）是在满足力学及使用功能的前提条件下，将外饰面设计成非直线平面模式，形成曲面或弧面等多种模式，提高了建筑的美观。通过在工厂预制可以将复杂的工艺先行完成，能有效节约工期，提高作业效率及质量，并促进了建筑外形的多元化设计。

非线性预制构件对模具的要求很高，制作过程中应保护模具不变形。非线性预制构件制作时应编制专项作业方案，特别是脱模、存放、吊运等应严格按照专项作业方案进行作业。

图2-56　非线性预制构件

第3章　规范中关于预制构件制作的规定

为保证装配式混凝土建筑的整体质量，国家及行业的相关规范都对混凝土预制构件的制作进行了明确细致的规定。本章介绍有关规范目录（3.1）、装配式混凝土建筑国家标准规定（3.2）和装配式混凝土建筑行业标准规定（3.3）。

3.1　有关规范目录

随着国家对装配式混凝土建筑的推进，装配式混凝土建筑预制构件制作相关的标准和规范陆续颁布施行。现阶段，国内与装配式混凝土建筑预制构件制作有关的规范有：

1）《装配式混凝土建筑技术标准》GB/T 51231—2016。

2）《混凝土结构工程施工质量验收规范》GB 50204—2015。

3）《通用硅酸盐水泥》GB 175—2007。

4）《钢筋混凝土用钢　第1部分：热轧光圆钢筋》GB 1499.1—2017。

5）《钢筋混凝土用钢　第2部分：热轧带肋钢筋》GB 1499.2—2007。

6）《混凝土外加剂应用技术规范》GB 50119—2013。

7）《普通混凝土配合比设计规程》JGJ 55—2011。

8）《钢筋套筒灌浆连接应用技术规程》JGJ 355—2015。

9）《装配式混凝土结构技术规程》JGJ 1—2014。

10）《钢筋机械连接技术规程》JGJ 107—2016。

11）《钢筋焊接及验收规程》JGJ 18—2012。

12）《预制预应力混凝土装配整体式框架结构技术规程》JGJ 224—2010。

13）《普通混凝土用砂、石质量及检验方法标准》JGJ 52—2006。

3.2 装配式混凝土建筑国家标准规定

本节主要介绍《装配式混凝土建筑技术标准》GB/T 51231—2016 中有关预制构件制作和《混凝土结构工程施工质量验收规范》GB 50204—2015 中有关预制构件验收的规定，对用于装配式建筑预制构件的水泥、骨料、矿物掺合料、减水剂、水等混凝土原材料，以及表面装饰材料、保温材料、门窗、拉结件等在本书第 6 章有详细介绍；钢筋、灌浆套筒等在本套丛书的《钢筋加工》一书中有详细介绍，在此不再赘述。

3.2.1 《装配式混凝土建筑技术标准》GB/T 51231—2016

《装配式混凝土建筑技术标准》（以下简称《装标》）从设计、制作、安装、质量验收等环节较全面地定义了装配式混凝土建筑的技术标准和要求。《装标》第 9 部分"生产运输"，对装配式混凝土预制构件的制作进行了细致的规定：

1. 预制构件生产单位的规定

生产单位应具备保证产品质量要求的生产工艺设施、试验检测条件，建立完善的质量管理体系和制度，并宜建立质量可追溯的信息化管理系统。（9.1.1）

2. 预埋件、连接件等材料质量的规定

1）预埋吊件进厂检验：同一厂家、同一类别、同一规格预埋吊件不超过 10000 件为一批，按批抽取试样进行外观尺寸、材料性能、抗拉拔性能等试验，检验结果应符合设计

要求。(9.2.15)

2)内外叶墙体拉结件进厂检验：同一厂家、同一类别、同一规格产品不超过 10000 件为一批，按批抽取试样进行外观尺寸、材料性能、力学性能检验，检验结果应符合设计要求。(9.2.16)

3)灌浆套筒和灌浆料进厂检验应符合现行行业标准《钢筋套筒灌浆连接应用技术规程》JGJ 355 的有关规定。(9.2.17)

4)钢筋浆锚连接用镀锌金属波纹管进厂应全数检查外观质量，其外观应清洁，内外表面应无锈蚀、油污、附着物、孔洞，不应有不规则褶皱，咬口应无开裂、脱扣；应进行径向刚度和抗渗漏性能检验，检查数量应按进场的批次和产品的抽样检验方案确定；检验结果应符合现行行业标准《预应力混凝土用金属波纹管》JG 225 的规定。(9.2.18)

3. 制作预制构件所用的模具的规定

1)预制构件生产应根据生产工艺、产品类型等制定模具方案，应建立健全模具验收、使用制度。(9.3.1)

2)模具应具有足够的强度、刚度和整体稳固性，并应符合下列规定：(9.3.2)

①模具应装拆方便，并应满足预制构件质量、生产工艺和周转次数等要求。

②结构造型复杂、外型有特殊要求的模具应制作样板，经检验合格后方可批量制作。

③模具各部件之间应连接牢固，接缝应紧密，附带的埋件或工装应定位准确，安装牢固。

④用作底模的台座、胎模、地坪及铺设的底板等应平整光洁，不得有下沉、裂缝、起砂和起鼓。

⑤模具应保持清洁，涂刷脱模剂、表面缓凝剂时应均匀、

无漏刷、无堆积，且不得沾污钢筋，不得影响预制构件外观效果。

⑥应定期检查侧模、预埋件和预留孔洞定位措施的有效性；应采取防止模具变形和锈蚀的措施；重新启用的模具应检验合格后方可使用。

⑦模具与平模台间的螺栓、定位销、磁盒等固定方式应可靠，防止混凝土振捣成型时造成模具偏移和漏浆。

3）除设计有特殊要求外，预制构件模具尺寸偏差和检验方法应符合表3-1的规定。（9.3.3）

表 3-1　预制构件模具尺寸允许偏差和检验方法

项次	检验项目及内容		允许偏差/mm	检验方法
1	长度	≤6m	1，-2	用尺量平行构件高度方向，取其中偏差绝对值较大处
		>6m 且≤12m	2，-4	
		>12m	3，-5	
2	宽度、高（厚）度	墙板	1，-2	用尺测量两端或中部，取其中偏差绝对值较大处
3		其他构件	2，-4	
4	对角线差		3	用尺量对角线
5	侧向弯曲		$l/1500$ 且≤5	拉线，用钢尺量测侧向弯曲最大处
6	翘曲		$l/1500$	对角拉线测量交点间距离值的2倍
7	底模表面平整度		2	用2m靠尺和塞尺量
8	组装缝隙		1	用塞片或塞尺量，取最大值
9	端模与侧模高低差		1	用钢尺量

注：l 为模具与混凝土接触面中最长边的尺寸。

4）构件上的预埋件和预留孔洞宜通过模具进行定位（图3-1），并安装牢固，其安装偏差应符合表3-2的规定。（9.3.4）。

图 3-1　预埋件、预留孔洞定位

表 3-2　模具上预埋件、预留孔洞安装允许偏差

项次	检验项目		允许偏差/mm	检验方法
1	预埋钢板、建筑幕墙用槽式预埋组件	中心线位置	3	用尺量测纵横两个方向的中心线位置，取其中较大值
		平面高差	±2	钢直尺和塞尺检查
2	预埋管、电线盒、电线管水平和垂直方向的中心线位置偏移、预留孔、浆锚搭接预留孔（或波纹管）		2	用尺量测纵横两个方向的中心线位置，取其中较大值
3	插筋	中心线位置	3	用尺量测纵横两个方向的中心线位置，取其中较大值
		外露长度	±10，0	用尺量测

项次	检验项目		允许偏差 /mm	检验方法
4	吊环	中心线位置	3	用尺量测纵横两个方向的中心线位置，取其中较大值
		外露长度	0，−5	用尺量测
5	预埋螺栓	中心线位置	2	用尺量测纵横两个方向的中心线位置，取其中较大值
		外露长度	+5，0	用尺量测
6	预埋螺母	中心线位置	2	用尺量测纵横两个方向的中心线位置，取其中较大值
		平面高差	±1	钢直尺和塞尺检查
7	预留洞	中心线位置	3	用尺量测纵横两个方向的中心线位置，取其中较大值
		尺寸	+3，0	用尺量测纵横两个方向尺寸，取其中较大值
8	灌浆套筒及连接钢筋	灌浆套筒中心线位置	1	用尺量测纵横两个方向的中心线位置，取其中较大值
		连接钢筋中心线位置	1	用尺量测纵横两个方向的中心线位置，取其中较大值
		连接钢筋外露长度	+5，0	用尺量测

5）预制构件中预埋门窗框时，应在模具上设置限位装置进行固定，并应逐件检验。门窗框安装偏差和检验方法应符合表3-3的规定。（9.3.5）

表3-3　门窗框安装允许偏差和检验方法

项　　目		允许偏差/mm	检验方法
锚固脚片	中心线位置	5	钢尺检查
	外露长度	+5, 0	钢尺检查
门窗框位置		2	钢尺检查
门窗框高、宽		±2	钢尺检查
门窗框对角线		±2	钢尺检查
门窗框的平整度		2	靠尺检查

4. 预制构件制作中所用的钢筋及预埋件制作、安装的规定

1）钢筋宜采用自动化机械设备加工，并应符合现行国家标准《混凝土结构工程施工规范》GB 50666 的有关规定。（9.4.1）

2）钢筋连接除应符合现行国家标准《混凝土结构工程施工规范》GB 50666 的有关规定外，尚应符合下列规定：（9.4.2）

①钢筋接头的方式、位置、同一截面受力钢筋的接头百分率、钢筋的搭接长度及锚固长度等应符合设计要求或国家现行有关标准的规定。

②钢筋焊接接头、机械连接接头和套筒灌浆连接接头均应进行工艺检验，试验结果合格后方可进行预制构件生产。

③螺纹接头和半灌浆套筒连接接头应使用专用扭力扳手拧紧至规定扭力值。

④钢筋焊接接头和机械连接接头应全数检查外观质量。

⑤焊接接头、钢筋机械连接接头、钢筋套筒灌浆连接接头力学性能应符合现行行业标准《钢筋焊接及验收规程》JGJ 18、《钢筋机械连接技术规程》JGJ 107 和《钢筋套筒灌浆连接应用技术规程》JGJ 355 的有关规定。

3）钢筋半成品、钢筋网片、钢筋骨架和钢筋桁架应检查合格后方可进行安装，并应符合下列规定：（9.4.3）

①钢筋表面不得有油污，不应严重锈蚀。

②钢筋网片和钢筋骨架宜采用专用吊架进行吊运。

③混凝土保护层厚度应满足设计要求。保护层垫块宜与钢筋骨架或网片绑扎牢固，按梅花状布置，间距满足钢筋限位及控制变形要求，钢筋绑扎丝甩扣应弯向构件内侧。

④钢筋桁架的尺寸偏差应符合表 3-4 的规定，钢筋成品的尺寸偏差应符合表 3-5 的规定。

表 3-4　钢筋桁架尺寸允许偏差

项次	检验项目	允许偏差/mm
1	长度	总长度的 ±0.3%，且不超过 ±10
2	高度	+1，−3
3	宽度	±5
4	扭翘	≤5

表 3-5　钢筋成品的允许偏差和检验方法

项　目		允许偏差/mm	检验方法
钢筋网片	长、宽	±5	钢尺检查
	网眼尺寸	±10	钢尺量连续三挡，取最大值
	对角线	5	钢尺检查
	端头不齐	5	钢尺检查

项　　目		允许偏差/mm	检验方法
钢筋骨架	长	0，－5	钢尺检查
	宽	±5	钢尺检查
	高（厚）	±5	钢尺检查
	主筋间距	±10	钢尺量两端、中间各一点，取最大值
	主筋排距	±5	钢尺量两端、中间各一点，取最大值
	箍筋间距	±10	钢尺量连续三挡，取最大值
	弯起点位置	15	钢尺检查
	端头不齐	5	钢尺检查
	保护层　柱、梁	±5	钢尺检查
	板、墙	±3	钢尺检查

4）预埋件加工偏差应符合表 3-6 的规定。（9.4.4）

表 3-6　预埋件加工允许偏差

项次	检验项目		允许偏差/mm	检验方法
1	预埋件锚板的边长		0，－5	用钢尺量测
2	预埋件锚板的平整度		1	用直尺和塞尺量测
3	锚筋	长度	10，－5	用钢尺量测
		间距偏差	±10	用钢尺量测

5. 预制预应力构件的规定

1）预制预应力构件生产应编制专项方案，预应力张拉台座应进行专项施工设计，并应具有足够的承载力、刚度及整体稳固性。（9.5.1 ~ 9.5.2）

2）预应力筋应使用砂轮锯或切断机等机械方法切断，不得采用电弧或气焊切断。（9.5.3）

3）钢丝镦头的头型直径不宜小于钢丝直径的1.5倍，高度不宜小于钢丝直径；镦头不应出现横向裂纹。（9.5.4）

4）当钢丝束两端均采用镦头锚具时，同一束中各根钢丝长度的极差不应大于钢丝长度的1/5000，且不应大于5mm；当成组张拉长度不大于10m的钢丝时，同组钢丝长度的极差不得大于2mm。（9.5.4）

5）预应力筋的安装、定位和保护层厚度应符合设计要求。（9.5.5）

6）预应力筋张拉设备及压力表应配套标定和使用，标定期限不应超过半年；当使用过程中出现反常现象或张拉设备检修后，应重新标定。（9.5.6）

7）预应力筋的张拉控制应力应符合设计及专项方案的要求。当需要超张拉时，调整后的张拉控制应力 σ_{con} 应符合下列规定：（9.5.7）

①消除应力钢丝、钢绞线　　　$\sigma_{con} \leq 0.80 f_{ptk}$
②中强度预应力钢丝　　　　　$\sigma_{con} \leq 0.75 f_{ptk}$
③预应力螺纹钢筋　　　　　　$\sigma_{con} \leq 0.90 f_{pyk}$

式中　σ_{con}——预应力筋张拉控制应力；
　　　f_{ptk}——预应力筋极限强度标准值；
　　　f_{pyk}——预应力螺纹钢筋屈服强度标准值。

8）采用应力控制方法张拉时，应校核最大张拉力下预应力筋伸长值。实测伸长值与计算伸长值的偏差应控制在 ±6% 之内。（9.5.8）

9）预应力筋的张拉应符合设计要求，并应符合下列规定：（9.5.9）

①宜采用多根预应力筋整体张拉；单根张拉时应采取对称和分级方式，按照校准的张拉力控制张拉精度，以预应力筋的伸长值作为校核。

②对预制屋架等平卧叠浇构件，应从上而下逐榀张拉。

③预应力筋张拉时，应从零拉力加载至初拉力后，量测伸长值初读数，再以均匀速率加载至张拉控制力。

④预应力筋张拉锚固后，应对实际建立的预应力值与设计给定值的偏差进行控制；应以每工作班为一批，抽查预应力筋总数的1%，且不少于3根。

10）预应力筋放张时，混凝土强度应符合设计要求，且同条件养护的混凝土立方体抗压强度不应低于设计混凝土强度等级值的75%；采用消除应力钢丝或钢绞线作为预应力筋的先张法构件，尚不应低于30MPa。（9.5.10）

6. 预制构件成型、养护及脱模的规定

1）浇筑混凝土前应进行钢筋、预应力的隐蔽工程检查。隐蔽工程检查项目应包括：（9.6.1）

①钢筋的牌号、规格、数量、位置和间距。

②纵向受力钢筋的连接方式、接头位置、接头质量、接头面积百分率、搭接长度、锚固方式及锚固长度。

③箍筋弯钩的弯折角度及平直段长度。

④钢筋的混凝土保护层厚度。

⑤预埋件、吊环、插筋、灌浆套筒、预留孔洞、金属波纹管的规格、数量、位置及固定措施。

⑥预埋线盒和管线的规格、数量、位置及固定措施。

⑦夹芯外墙板的保温层位置和厚度，拉结件的规格、数量和位置。

⑧预应力筋及其锚具、连接器和锚垫板的品种、规格、

数量、位置。

⑨预留孔道的规格、数量、位置，灌浆孔、排气孔、锚固区局部加强构造。

2）混凝土应采用有自动计量装置的强制式搅拌机搅拌，并具有生产数据逐盘记录和实时查询功能。混凝土应按照混凝土配合比通知单进行生产，原材料每盘称量的允许偏差应符合表3-7的规定。(9.6.3)

表 3-7 混凝土原材料每盘称量的允许偏差

项　　次	材料名称	允许偏差
1	胶凝材料	±2%
2	粗、细骨料	±3%
3	水、外加剂	±1%

3）混凝土应进行抗压强度检验，混凝土检验试件应在浇筑地点取样制作，每拌制 100 盘且不超过 100m³ 时的同一配合比混凝土或每工作班拌制的同一配合比的混凝土不足 100 盘为一批，每批制作强度检验试块不少于 3 组、随机抽取 1 组进行同条件转标准养护后进行强度检验，其余作为同条件试件在预制构件脱模和出厂时控制其混凝土强度。(9.6.4)

4）蒸汽养护的预制构件，其强度评定混凝土试块应随同构件蒸养后，再转入标准条件养护。构件脱模起吊、预应力张拉或放张的混凝土同条件试块，其养护条件应与构件生产中采用的养护条件相同。(9.6.4)

5）除设计有要求外，预制构件出厂时的混凝土强度不宜低于设计混凝土强度等级值的 75%。(9.6.4)

6）带面砖或石材饰面的预制构件宜采用反打一次成型

工艺制作。(9.6.5)

7）带保温材料的预制构件宜采用水平浇筑方式成型，在上层混凝土浇筑完成之前，下层混凝土不得初凝。(9.6.6)

8）混凝土浇筑应符合下列规定：(9.6.7)

①混凝土浇筑前，预埋件及预留钢筋的外露部分宜采取防止污染的措施。

②混凝土浇筑应连续进行，混凝土从出机到浇筑完毕的延续时间，气温高于 25℃ 时不宜超过 60min，气温不高于 25℃ 时不宜超过 90min。

9）混凝土宜采用机械振捣方式成型，当采用振捣棒时，混凝土振捣过程中不应碰触钢筋骨架、面砖和预埋件。(9.6.8)

10）预制构件粗糙面成型可采用模板面预涂缓凝剂工艺，脱模后采用高压水冲洗露出骨料；叠合面粗糙面可在混凝土初凝前进行拉毛处理。(9.6.9)

11）预制构件养护应符合下列规定：(9.6.10)

①混凝土浇筑完毕或压面工序完成后应及时覆盖保湿，脱模前不得揭开。

②加热养护可选择蒸汽加热、电加热或模具加热等方式，加热养护宜采用温度自动控制装置，在常温下宜预养护 2～6h，升、降温速度不宜超过 20 ℃/h，最高养护温度不宜超过 70 ℃。预制构件脱模时的表面温度与环境温度的差值不宜超过 25℃。

③夹芯保温外墙板最高养护温度不宜大于 60℃。

12）预制构件脱模起吊时的混凝土强度应符合设计要求，且不宜小于 15MPa。(9.6.11)

13）预制构件吊运吊索水平夹角不宜小于60°，不应小于45°，吊运过程中，应保持稳定，不得偏斜、摇摆和扭转，严禁吊装构件长时间悬停在空中。(9.8.1)

14）吊装大型构件、薄壁构件或形状复杂的构件时，应使用分配梁或分配桁架类吊具，并应采取避免构件变形和损伤的临时加固措施。(9.8.1)

7. 预制构件存放的规定

1）预制构件存放场地应平整、坚实，并应有排水措施；存放库区宜实行分区管理和信息化台账管理。(9.8.2)

2）预制构件存放应满足下列要求：(9.8.2)

①应按照产品品种、规格型号、检验状态分类存放，产品标识应明确、耐久，预埋吊件应朝上，标识应向外。

②应合理设置垫块支点位置，确保预制构件存放稳定，支点宜与起吊点位置一致，预制构件多层叠放时，每层构件间的垫块应上下对齐。

③与清水混凝土面接触的垫块应采取防污染措施。

3）预制构件成品保护应符合下列规定：(9.8.3)

①预制构件成品外露保温板应采取防止开裂措施，外露钢筋应采取防弯折措施，外露预埋件和连结件等外露金属件应按不同环境类别进行防护或防腐、防锈。

②宜采取保证吊装前预埋螺栓孔清洁的措施。

③钢筋连接套筒、预埋孔洞应采取防止堵塞的临时封堵措施。

8. 预制构件运输的规定 (9.8.4)

1）预制构件在运输过程中应设置柔性垫片避免预制构件边角部位或链索接触处的混凝土损伤。

2）带外饰面的构件，用塑料薄膜包裹垫块避免预制构件外观污染。

3）墙板门窗框、装饰表面和棱角采用塑料贴膜或其他措施防护。

4）采用靠放架立式运输时，构件与地面倾斜角度宜大于80°，构件应对称靠放，每侧不大于2层，构件层间上部采用木垫块隔离。

5）采用插放架直立运输时，应采取防止构件倾倒措施，构件之间应设置隔离垫块。

6）水平运输时，预制梁、柱构件叠放不宜超过3层，板类构件叠放不宜超过6层。

3.2.2 《混凝土结构工程施工质量验收规范》GB 50204—2015

《混凝土结构工程施工质量验收规范》（以下简称《施规》）第9部分"装配式结构分项工程"，对装配式混凝土预制构件的质量验收的规定：

1）装配式结构连接部位及叠合构件浇筑混凝土之前，应进行隐蔽工程验收。（9.1.1）

2）预制构件结构性能检验应符合下列规定：（9.2.2）

①梁板类简支受弯预制构件进场时应进行结构性能检验。

②钢筋混凝土构件和允许出现裂缝的预应力混凝土构件应进行承载力、挠度和裂缝宽度检验；不允许出现裂缝的预应力混凝土构件应进行承载力、挠度和抗裂检验。

③对其他预制构件，除设计有专门要求外，进场时可不做结构性能检验。

3）预制构件的外观质量不应有严重缺陷，且不应有影响结构性能和安装、使用功能的尺寸偏差。（9.2.3）

4）预制构件上的预埋件、预留插筋、预埋管线等的规格和数量以及预留孔、预留洞的数量应符合设计要求。(9.2.4)

5）预制构件应有标识。(9.2.5)

6）预制构件的外观质量不应有一般缺陷。(9.2.6)

7）预制构件的尺寸偏差及检验方法应符合表3-8的规定；设计有专门规定时，尚应符合设计要求。(9.2.7)

表3-8　预制构件的尺寸偏差及检验方法

项　　目			允许偏差/mm	检验方法
长度	楼板、梁、柱、桁架	＜12m	±5	尺量
		≥12m 且＜18m	±10	
		≥18m	±20	
	墙板		±4	
宽度高（厚）度	楼板、梁、柱、桁架		±5	尺量一端及中部，取其中偏差绝对值较大处
	墙板		±4	
表面平整度	楼板、梁、柱、墙板内表面		5	2m 靠尺和塞尺量测
	墙板外表面		3	
侧向弯曲	楼板、梁、柱		$l/750$ 且≤20	拉线、直尺量测最大侧向弯曲处
	墙板、桁架		$l/1000$ 且≤20	
翘曲	楼板		$l/750$	调平尺在两端量测
	墙板		$l/1000$	

项　　目		允许偏差/mm	检验方法
对角线	楼板	10	尺量两个对角线
	墙板	5	
预留孔	中心线位置	5	尺量
	孔尺寸	±5	
预留洞	中心线位置	10	尺量
	洞口尺寸、深度	±10	
预埋件	预埋板中心线位置	5	尺量
	预埋板与混凝土面平面高差	0，−5	
	预埋螺栓	2	
	预埋螺栓外露长度	+10，−5	
	预埋套筒、螺母中心线位置	2	
	预埋套筒、螺母与混凝土面平面高差	±5	
预留插筋	中心线位置	5	尺量
	外露长度	+10，−5	
键槽	中心线位置	5	尺量
	长度、宽度	±5	
	深度	±10	

注：l 为构件长度，单位为 mm。

3.3　装配式混凝土建筑行业标准规定

本节主要介绍《装配式混凝土结构技术规程》JGJ 1—2014 中预制构件制作的相关规定及《钢筋套筒灌浆连接应用

技术规程》JGJ 355—2015 中预制构件制作中钢筋套筒灌浆连接接头施工的相关要求，对混凝土配合比设计、钢筋机械连接及焊接和砂、石质量检验等规定不做介绍。

3.3.1 《装配式混凝土结构技术规程》JGJ 1—2014

《装配式混凝土结构技术规程》（以下简称《装规》）第11部分"构件制作与运输"中，对装配式混凝土预制构件的制作进行了相关规定：

1）预制构件制作单位应具备相应的生产工艺设施，并有完善的质量管理体系和必要的试验检测手段。（11.1.1）

2）预制构件制作前，应对其技术要求和质量标准进行技术交底，并制定生产方案。（11.1.2）

3）预制结构构件采用钢筋套筒灌浆连接时，应在构件生产前进行钢筋套筒灌浆连接接头的抗拉强度试验，每种规格的连接接头试件数量应不少于3个。（11.1.4）

4）预制构件制作前，对带饰面砖或饰面板的构件，应绘制排砖图或排板图；对夹心外墙板，应绘制内外叶墙板的拉结件布置图及保温板排板图。（11.2.1）

5）预制构件模具尺寸的允许偏差和检验方法应符合表3-1的规定。（11.2.3）

6）预埋件加工的允许偏差应符合表 3-6 的规定。（11.2.4）

7）固定在模具上的预埋件、预留孔洞中心线位置的允许偏差应符合表 3-2 的规定。（11.2.5）

8）制作预制构件应选用不影响构件结构性能和装饰工程施工的隔离剂。（11.2.6）

9）在混凝土浇筑前应进行预制构件的隐蔽工程检查，

验收项目包括：（11.3.1）

①钢筋的牌号、规格、数量、位置、间距等，箍筋弯钩的弯折角度及平直段长度。

②纵向受力钢筋的连接方式、接头位置、接头数量、接头面积百分率、搭接长度、锚固方式及长度等。

③预埋件、吊环、插筋的规格、数量、位置。

④预埋线管、线盒等的规格、数量、位置及固定措施。

⑤灌浆套筒、预留孔洞的规格、数量、位置等。

⑥钢筋的混凝土保护层厚度。

⑦夹芯外墙板的保温层位置、厚度，拉结件规格、数量、位置等。

10）夹芯外墙板生产时应采取措施保证保温材料及拉结件位置准确。（11.3.3）

11）加热养护宜在常温下静停 2～6h，升、降温速度不应超过 20 ℃/h，最高养护温度不宜超过 70 ℃。预制构件出池的表面温度与环境温度的差值不宜超过 25℃。（11.3.5）

12）脱模起吊时，预制构件的混凝土立方体抗压强度应满足设计要求，且不小于 15N/mm² 。（11.3.6）

13）预制构件尺寸的允许偏差及检验方法应符合表 3-9 的规定。（11.4.2）

14）预制构件检查合格后，应在构件上设置标识。（11.4.6）

15）应制定预制构件运输与堆放方案，构件装卸时，应采取保证车体平衡的措施。（11.5.1）

16）采用叠层平放的方式堆放或运输构件时，应采取防止构件产生裂缝的措施。（11.5.4）

表 3-9　预制构件尺寸的允许偏差及检验方法

项 目			允许偏差/mm	检验方法
长度	板、梁、柱、桁架	<12m	±5	尺量检查
		≥12m 且 <18m	±10	
		≥18m	±20	
	墙板		±4	
宽度高（厚）度	板、梁、柱、桁架截面尺寸		±5	钢尺量一端及中部，取其中偏差绝对值较大处
	墙板的高度、厚度		±3	
表面平整度	板、梁、柱、墙板内表面		5	2m 靠尺和塞尺检查
	墙板外表面		3	
侧向弯曲	板、梁、柱		$l/750$ 且≤20	拉线、钢尺量最大侧向弯曲处
	墙板、桁架		$l/1000$ 且≤20	
翘曲	板		$l/750$	调平尺在两端量测
	墙板		$l/1000$	
对角线差	板		10	钢尺量两个对角线
	墙板、门窗口		5	
挠度变形	梁、板、桁架设计起拱		±10	拉线、钢尺量最大弯曲处
	梁、板、桁架下垂		0	
预留孔	中心线位置		5	尺量检查
	孔尺寸		±5	
预留洞	中心线位置		10	尺量检查
	洞口尺寸、深度		±10	

项　目		允许偏差 /mm	检验方法
门窗口	中心线位置	5	尺量检查
	宽度、高度	±3	
预埋件	预埋件锚板中心线位置	5	尺量检查
	预埋件锚板与混凝土面平面高差	0，-5	
	预埋螺栓中心线位置	2	
	预埋螺栓外露长度	+10，-5	
	预埋套筒、螺母中心线位置	2	
	预埋套筒、螺母与混凝土面平面高差	0，-5	
	线管、电盒、木砖、吊环在构件 平面的中心线位置偏差	20	
	线管、电盒、木砖、吊环与构件 表面混凝土高差	0，-10	
预留 插筋	中心线位置	3	尺量检查
	外露长度	+5，-5	
键槽	中心线位置	5	尺量检查
	长度、宽度、深度	±5	

注：l 为构件最长边的长度。

3.3.2　《钢筋套筒灌浆连接应用技术规程》JGJ 355—2015

钢筋套筒灌浆连接是装配式建筑主体结构连接的主要方式，《钢筋套筒灌浆连接应用技术规程》中对于预制构件制作中钢筋套筒灌浆连接接头施工的要求如下：

1）钢筋套筒灌浆连接接头的抗拉强度不应小于连接钢

筋抗拉强度标准值，且破坏时应断于接头外钢筋，见图 3-2。（3.2.2）

2）钢筋与全灌浆套筒连接时，插入深度应满足设计锚固深度要求，一般宜插到套筒中心挡片处，见图 3-3。（6.2.1）

图 3-2　灌浆接头抗拉强度试验断于接头外钢筋

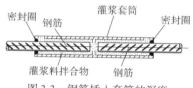

图 3-3　钢筋插入套筒的深度

3）灌浆套筒应可靠固定在模具上，与柱底、墙底模板应垂直，见图 3-4。（6.2.1）

4）与灌浆套筒连接的灌浆管、出浆管应定位准确、安装稳固，见图 3-5。（6.2.1）

图 3-4　套筒安装

图 3-5　灌浆管、出浆管安装

5）应采取避免混凝土浇筑时向灌浆套筒内漏浆的封堵措施。（6.2.1）

6）对于半灌浆套筒连接，机械连接端的钢筋丝头加工、连接安装、质量检验应符合现行标准《钢筋机械连接技术规程》JGJ 107 的相关规定。（6.2.2）

7）混凝土浇筑之前的隐蔽工程验收时，验收灌浆套筒的型号、数量、位置及灌浆孔、出浆孔、排气孔的位置。（6.2.3）

8）预制构件拆模后，灌浆套筒和外露钢筋的允许偏差及检验方法见表3-10。（6.2.4）

表3-10　预制构件灌浆套筒和外露钢筋的允许偏差及检验方法

项目		允许偏差/mm	检查方法
灌浆套筒中心位置		+2 0	
外漏钢筋	中心位置	+2 0	尺量
	外露长度	+10 0	

9）预制构件出厂前，应清理灌浆套筒内的杂物，并对灌浆套筒的灌浆孔、出浆孔进行透光检查。（6.2.6）

第4章　预制构件制作工艺流程

本章主要介绍预制构件制作工艺流程，包括固定模台工艺流程（4.1）、流动模台工艺流程（4.2）、自动化流水线工艺流程（4.3）、预应力工艺流程（4.4）和立模工艺流程（4.5）。

4.1　固定模台工艺流程

固定模台工艺的组模、放置钢筋与预埋件、浇筑振捣混凝土、养护预制构件和拆模都在固定模台上进行。固定模台工艺的模台是固定不动的，作业人员和钢筋、混凝土等材料在各个固定模台间"流动"。绑扎或焊接好的钢筋骨架用起重机送到各个固定模台处；混凝土用送料车或送料吊斗送到固定模台处，养护蒸汽管道也通到各个固定模台下，预制构件就地养护；预制构件脱模后再运送到存放区。

固定模台工艺具有适用范围广、通用性强、启动资金较少、见效快等特点，可制作各种标准化预制构件、非标准化预制构件和异形预制构件。

本节主要介绍梁、柱、墙板、叠合楼板等预制构件的固定模台工艺流程。

1）梁、柱、除夹芯保温板外的墙板、叠合楼板类预制构件的工艺流程基本相同，上述预制构件固定模台制作工艺流程见图4-1。

2）夹芯保温板工艺流程与上述预制构件工艺流程有所不同：一是内叶板、外叶板需要分两次进行混凝土浇筑；二是增加了安装拉结件和保温板的作业，具体工艺流程见第20章。

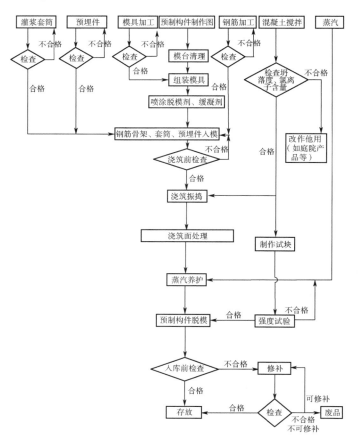

图 4-1　固定模台预制构件制作工艺流程

3）有门窗的墙板类预制构件需要增加门窗入模安装作业，作业方法见第9章。

4）有装饰面层的预制构件需要增加装饰面层铺设作业，作业方法见第11章。

5）柱钢筋骨架通常可以在柱端模上绑扎好后连同端模一起吊运至组模工位。

6）灌浆套筒安装作业适合于柱及部分剪力墙板等预制构件的制作工艺。

4.2　流动模台工艺流程

流动模台工艺是将按标准定制的钢平台放置在滚轴或轨道上，使其能在各个工位循环流转。首先在组模区组模；然后移动到放置钢筋和预埋件的作业区段，进行钢筋骨架入模和安装预埋件作业；再移动到浇筑振捣平台上进行混凝土浇筑，完成浇筑后通过设置在平台上的振动装置对混凝土进行振捣；之后，模台转入养护窑进行预制构件养护；养护结束出窑后，移到脱模区脱模，进行必要的修补作业后将预制构件运送到存放区存放。

流动模台制作工艺与固定模台制作工艺相比较适用范围窄、通用性低，一般适用于制作非预应力的叠合板、剪力墙板、内隔墙板、标准化的装饰保温一体化板等预制构件。

流动模台预制构件制作工艺流程见图4-2。

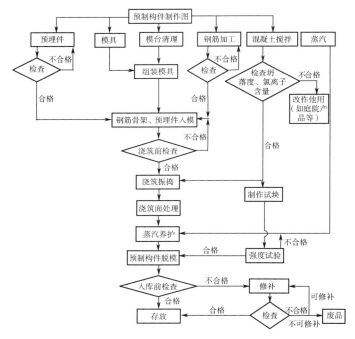

图 4-2　流动模台工艺预制构件制作工艺流程

4.3　自动化流水线工艺流程

自动流水线包括全自动流水线和半自动流水线。

全自动流水线由全自动混凝土成型流水线设备以及全自动钢筋加工流水线设备两部分组成。通过电脑编程软件控制，将这两部分设备自动衔接起来，能根据图纸信息及工艺要求，操作系统自动完成模板自动清理、机械手划线、机械手组模、脱模剂自动喷涂、钢筋自动加工、钢筋机械手入模、混凝土自动浇筑、机械自动振捣、计算机控制自动养护、翻转机、机械手抓取边模入库等全部工序，是真正意义的自动化、智能化流水线。

与全自动流水线相比，半自动流水线仅包括了全自动混凝土成型设备，不包括全自动钢筋加工设备。

尽管自动化流水线具有效率高、产品质量有保障和能节约劳动力的优势，但适合自动化流水线工艺的只有不出筋的叠合楼板、双面剪力墙叠合板或不出筋且表面装饰不复杂的其他板式预制构件，或者是需求量很大的单一类型的预制构件，所以在全世界范围内，自动化流水线应用较少。

自动化流水线预制构件制作工艺流程见图 4-3。

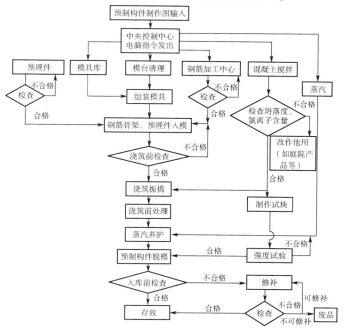

图 4-3　自动化流水线预制构件制作工艺流程

4.4 预应力工艺流程

预应力工艺有先张法和后张法两种工艺，预制构件制作大多采用先张法工艺。先张法预应力预制构件生产时，首先将预应力钢筋按规定在模台上铺设并张拉至初应力后进行钢筋施工，完成后整体张拉至规定的应力，然后浇筑混凝土成型或者挤压混凝土成型，混凝土经过养护、达到放张强度后拆卸边模和肋模，放张并切断预应力钢筋，切割预应力楼板。先张法预应力混凝土具有生产工艺简单、生产效率高、质量易控制、成本低等特点。除钢筋张拉和楼板切割外，其他工艺环节与固定模台工艺接近。先张法预应力生产工艺适合生产预应力叠合楼板、预应力空心楼板、预应力双 T 板及预应力梁等预制构件。

先张法预应力预制构件制作工艺流程见图 4-4。

4.5 立模工艺流程

立模工艺是预制构件用竖立的模具垂直浇筑成型的方法，一次生产一块或多块预制构件。立模工艺与平模工艺（部分固定模台工艺和大多数的流动模台工艺、自动生产线工艺）的区别是：平模工艺预制构件是"躺着"浇筑的，而立模工艺预制构件是立着浇筑的。立模工艺具有占地面积小、预制构件表面光洁、垂直脱模、不用翻转等优点。

立模有独立立模和集合式立模两种。

立着浇筑的柱子或侧立浇筑的楼梯属于独立立模。

集合式立模是多个预制构件并列组合在一起制作的工艺，可用来生产规格标准、形状规则、配筋简单的板式预制构件，如轻质混凝土空心墙板。

立模预制构件制作工艺流程与固定模台预制构件制作工艺流程相似，见图 4-1。

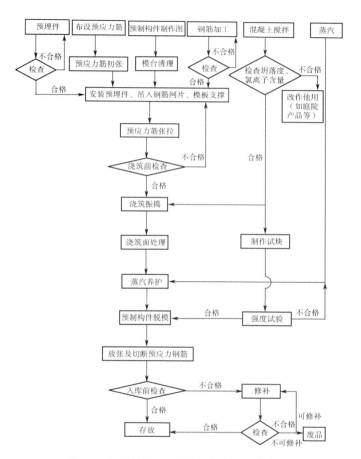

图 4-4　先张法预应力预制构件制作工艺流程

第5章 预制构件制作设备与工具

本章主要介绍预制构件制作设备与工具，包括：固定模台工艺主要设备（5.1）、流动模台生产线主要设备（5.2）、自动化流水线主要设备（5.3）、混凝土搅拌站系统设备（5.4）、起重设备（5.5）、试验室设备（5.6）、其他设备（5.7）、吊索吊具（5.8）、常用工具（5.9）和设备维护与保养要点（5.10）。钢筋骨架及桁架筋加工设备在本套丛书的《钢筋加工》一书中有详细介绍，本书不再赘述。

5.1 固定模台工艺主要设备

1. 模台

模台是固定模台工艺最主要的设备，模台大都采用钢平台（图5-1），钢平台一般由钢面板、钢主梁和钢次梁焊接而成；模台也可以是高平整度、高强度的水泥基材料平台。

模台是安装预制构件模具的基础，常兼作预制构件模具的底模，表面平整度要求 2m 内不超过 2mm，一般常见的规格有 3.5m×7m、3.5m×9m、3.5m×12m、4m×12m 等。

图 5-1　钢平台

2. 多路监测集中控制蒸汽养护控制系统

多路监测集中控制蒸汽养护控制系统（图5-2）采用软件控制，人机交互界面直观，可根据需要独立设置每个模台的温度监测并单独控制，测温准确，控制精度高，是固定模台工艺蒸汽养护控制优选的设备。

3. 蒸汽养护罩

蒸汽养护罩（图5-3）是固定模台工艺预制构件蒸养的配套设备，蒸养时覆盖整个模台，起到保温保湿的作用。蒸汽养护罩高度比预制构件最高浇筑面高 30~50cm 为宜，当浇筑面上有向上的伸出钢筋时应高于伸出钢筋的高度。

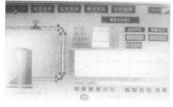

图5-2　蒸汽养护控制系统

图5-3　蒸汽养护罩

蒸汽养护罩由架立杆件、钢丝绳、滑扣和 PVC 篷布组成，对提高蒸养效率、减少能源损耗具有重要的作用。

4. 混凝土料斗

混凝土料斗是固定模台工艺运输混凝土并将混凝土卸入模具内的设备，常用的有方形混凝土料斗（图5-4）和圆形混凝土料斗（图5-5）。

5. 插入式振动器

插入式振动器（图5-6）是固

图5-4　方形混凝土料斗

定模台工艺混凝土振实设备，用于将模具内的混凝土振捣密实。

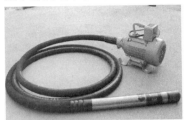

图 5-5　圆形混凝土料斗　　　　图 5-6　插入式振动器

插入式振动器由电机和振动棒两部分组成，常用的型号有 ZN35、ZN50，应综合考虑振捣要求、可操作空间及配筋密度等因素选择适用型号的振动器。

5.2　流动模台生产线主要设备

流动模台生产线（图 5-7）的主要设备有：固定脚轮或轨道、流动模台、模台转运小车、模台清扫机、布料机、振动台、拉毛机、养护窑、压光机、倾斜机等。

图 5-7　流动模台生产线

1. 固定脚轮或轨道

固定脚轮或轨道是流动模台的支撑、流转设备。

固定脚轮又可分为固定被动轮和固定主动轮，见图5-8。

固定被动轮一般为钢轮，有轮沿，主要作用是支撑和导行钢平台，固定被动轮安装时控制的重点是各轮的高度和直线度。

固定主动轮通常采用带电机的橡胶轮，为钢平台流动提供动力，固定主动轮一般可调高度，安装时应保证与固定被动轮在一条直线上并且调整至合适的高度，特别是要调整模台两侧的轮高一致，以免模台流转时发生偏斜。

2. 流动模台

流动模台采用钢平台，一般由钢面板、钢主梁和钢次梁焊接而成，表面平整度要求 2m 内不超过 2mm，常用的规格有 $3.5m \times 7m$、$3.5m \times 9m$，也可定制 $3.5m \times 12m$、$4m \times 12m$ 等特殊规格。

3. 模台转运小车

模台转运小车是模台换道的摆渡设备，多用于环形流水线。

4. 模台清扫机

模台清扫机（图 5-8）是模台清洁的专用设备，清扫速度快，清扫效果好，扬尘少，对模台的损伤小。清扫机的收尘袋应每天清理，还应定期对清扫机滚刷的完好情况进行检查。

图 5-8　固定脚轮和模台清扫机

5. 布料机

布料机（图5-9）用于混凝土布料，是流动模台生产线的关键设备之一。

布料机卸料门有单门卸料、双门卸料和可选多门卸料等形式（图5-9）。多门卸料使用效果优于其他两种，但对混凝土的流动性要求较高，设备造价也较高。

图5-9　布料机、振动台

6. 振动台

振动台（图5-9）用于混凝土布料后的振实。

模台流转到振动台上时，两侧的压板自动压住模台底边，然后带动模台一起振动，多为上下振动的方式。也有可进行360°全方位振动的振动台，但造价较高。

7. 拉毛机

拉毛机用于预制构件表面拉毛，一般多为龙门式，高度可调。预制构件随同流动模台从拉毛机下经过时，拉毛机内的滚轮自动将预制构件表面拉毛。

8. 养护窑

养护窑（图5-7）用于预制构件的蒸汽养护，是流动模台生产线的关键设备（设施）之一，养护窑由内部的层架、养护设备、温控设备、层架升降系统和外部的保温房构成。

保温房内的温湿度能自动控制，且各层架可根据需要自动调整位置，性能更好一点的，保温房内还根据需要设置不同的分区，分区内的温度可根据预制构件蒸养需要来设置，蒸养效果更好，蒸汽耗量也大大降低。

9. 压光机

压光机（图5-10）用于混凝土成型面的抹面和压光，抹面压光效果好，省时省力，其缺点是适用范围较窄，一般只适用于表面没有伸出筋，预埋件少且表面为平面的预制构件。

图5-10 压光机

10. 倾斜机

倾斜机（图5-11）用于预制构件脱模。板类预制构件常采用水平浇筑立式存放，为避免预制构件立起时损坏，采用在倾斜机上倾侧后立式脱离模台，当采用倾斜机脱模时，可取消墙板等预制构件的脱模吊点，用安装吊点脱模。

图5-11 倾斜机

5.3　自动化流水线主要设备

自动化流水线（图5-12）的主要设备有：固定脚轮或轨道、流动模台、模台转运小车、模台清扫设备、放线机械手、组模机械手、边模库机械手、脱模剂喷涂机、钢筋网自动焊接机、钢筋网抓取设备、桁架筋抓取设备、自动布料机、柔性振捣设备、码垛机、养护窑、倾斜机等。

图5-12　自动化流水线

1. 放线机械手

放线机械手根据预先输入系统的预制构件参数，自动在模台上划出标线，为组模机械手自动组模提供定位参照。

2. 组模机械手

组模机械手（图5-13）的作用是在已划好线的模台上自动安装模具，全自动作业，无须人工干预，能完成自动抓取模具、自动定位调整、自动

图5-13　组模机械手

接模、自动固定模具等一系列操作。

3. 边模库机械手

边模库机械手（图5-14）的作用是将已清洁干净的边模按品种规格自动放入库位或从库位中自动取出合适的边模。

图5-14　边模库机械手

4. 脱模剂喷涂机

脱模剂喷涂机根据预先输入系统的参数信息，自动在相应的模板表面喷涂脱模剂，喷涂均匀，效率高。

5. 钢筋网自动焊接机

钢筋网自动焊接机介绍参见本套书中《钢筋加工》一书第4章4.2节自动化网片设备的相关内容。

6. 桁架筋抓取设备

桁架筋抓取设备（图5-15）用于抓取桁架筋并自动放入模具内相应的位置，多用于生产叠合板，效率高。

图5-15　桁架筋抓取设备

7. 钢筋网抓取设备

钢筋网抓取设备
用于抓取钢筋网片并自动放入相应的模具内，可以避免钢筋
网片入模过程中产生变形，但对异形预制构件的适用性差。

8. 自动布料机

自动布料机（图5-16）与流动模台的布料机基本相同，
可参照前文，此处不再赘述。

图5-16　自动布料机

9. 柔性振捣设备

柔性振捣设备
（图5-17）的作用是振
实混凝土，与流动模
台的振动台相比，柔
性振捣设备有多种振
捣方式可选，振实效
果更好。常见的振捣

图5-17　柔性振捣设备

方式有摇摆、振捣、摇摆加振捣、高频短振等。

10. 码垛机

码垛机（图5-18）的作用是将进入养护窑的预制构件按

要求进行码垛。

图 5-18　码垛机

11. 养护窑

养护窑（图 5-19）可参见流动模台生产线的养护窑，此处不再赘述。

图 5-19　养护窑

5.4　混凝土搅拌站系统设备

混凝土搅拌站应选用全自动搅拌设备（图 5-20 和图5-21）。

常用的混凝土搅拌主机有750型、1000型、1500型、2000型等，预制构件工厂应根据生产规模选择与生产能力匹配的搅拌主机，一般年产4万 m³左右预制构件的工厂宜选择1500型的混凝土搅拌主机。

图 5-20　搅拌站操作系统

图 5-21　全自动搅拌设备

搅拌站的材料计量应采用自动计量设备，计量设备应定期检定或校准。搅拌系统应能自动保存不少于3个月的配料记录，并能随时调阅和打印。

5.5　起重设备

预制构件工厂常用的起重设备有桥式起重机、梁式起重机、门式起重机等，一般厂房内宜选用桥式或梁式起重机（图5-22），存放场地则多采用门式起重机（图5-23）。

起重机常见的起重量为 3t、5t、10t、16t、25t、32t 等，工厂可根据生产预制构件的重量，选取适宜吨位的起重机。

起重机发生故障或现有起重机满足不了生

图 5-22　厂房内桥式起重机

产和存放需要时，可以采用轮式起重机进行应急（图5-24）。根据最大起重量常用的有 8t、12t、16t、20t、25t、32t、35t、40t、50t、70t、80t、100t 等轮式起重机。

图 5-23　存放场地门式起重机

图 5-24　轮式起重机

5.6 试验室设备

1. 试验室设备种类

试验室应根据获准的检测能力及其对应的检测项目合理配置试验设备。一般预制构件工厂试验室需配备下列几类主要的设备：

（1）骨料检测设备　常用的骨料检测设备有摇筛机、烘箱、氯离子检测仪、磅秤、电子天平、台秤等。

（2）粉料检测设备　常用的粉料检测设备有抗折抗压一体机、胶砂搅拌机、净浆搅拌机、负压筛析仪、振实台、标准养护箱等。

（3）钢筋检测设备　常用的钢筋检测设备有万能机等。

（4）混凝土试验设备　常用的混凝土试验设备有搅拌机、压力机、振动台等。

2. 试验室主要设备介绍

（1）压力机　压力机又称为混凝土试块压力机（图5-25），用于检测混凝土试块的抗压强度。一般常用的型号是2000型，其最大试验力为2000kN，示值相对误差 ≤ ±1%，可用于C60及以下强度等级的混凝土试块抗压试验。

（2）万能机　万能机又称为液压万能试验机（图5-26），用于检测钢筋抗拉、抗弯等力学性能。一般常用微机伺服液压万能试验机，型号有100型、300型、600型、1000型等多种，考虑使用需求及经济性，建议采用300型和1000型的组合，可检测直径6～40mm的钢筋。部分品牌设备抗拉、抗弯主机为分体式。

图 5-25　压力机　　　　　　　　图 5-26　万能机

（3）摇筛机　摇筛机又称为震击式摇筛机（图 5-27），用于骨料筛分析试验，代替人工对骨料进行筛分。

（4）搅拌机　搅拌机又称为混凝土搅拌机（图 5-28），用于配合比试验时搅拌混凝土，常用的有 30 型和 60 型，对应的搅拌量为 30L 和 60L。

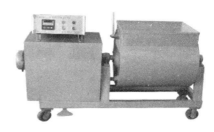

图 5-27　摇筛机　　　　　　　　图 5-28　搅拌机

（5）抗折抗压一体机　抗折抗压一体机（图 5-29）主要用于检测水泥的抗折、抗压强度，常用的型号 300 型，最大试验力 300kN，示值相对误差 ≤ ±1%。

（6）标准养护箱　标准养护箱又称为水泥标准养护箱（图 5-30），用于水泥试件的标准养护，精度为 ±0.1℃，湿度控制 ≥95%（可调），常用 40 型。

（7）负压筛析仪　负压筛析仪（图 5-31）用于水泥、粉煤灰、矿粉等的细度检测，常用型号 150B 型，工作负压：-4000 ~ -6000Pa，筛析时间：120s。

图 5-29　抗折抗压一体机　图 5-30　标准养护箱　图 5-31　负压筛析仪

5.7　其他设备

1）地磅（又称为汽车衡，图 5-32），用于称量入厂的原材料等，一般地磅的称量范围为 150 ~ 200t。

图 5-32　地磅

2）轨道车（图5-33），用于在轨道的有效范围内进行预制构件或相关材料、部品的倒运。

3）叉车(图5-34)，用于预制构件或材料、部品的装卸和短途驳运。

图 5-33　轨道车

图 5-34　叉车

5.8　吊索吊具

5.8.1　吊具

常用吊具主要有点式吊具、梁式吊具、平面架式吊具、软带吊具、特殊吊具等类型。

1. 点式吊具

点式吊具（图5-35）是使用最多、用途最广的吊具，常用钢丝绳吊索和索具（吊环、吊钩或自制专用索具）配套使用。使用时吊环或自制索具的螺栓应拧紧，吊索与预制构件平面的夹角不宜小于60°且不得小于45°。吊索长度应保证预制构件起吊时各吊点受力均匀，不倾斜。

图 5-35　点式吊具

2. 梁式吊具

梁式吊具（图 5-36）多用于吊运细长类预制构件，如梁、柱等，一般会在吊梁底部焊接多个吊耳，以适应不同长度的预制构件，吊运安全，对预制构件的损伤较小。

图 5-36　梁式吊具

3. 平面架式吊具

平面架式吊具（图 5-37）多用于预制叠合板或面积较大的预制墙板的水平吊运，多点受力、各吊挂点自平衡，对预制构件损伤小。

图 5-37　平面架式吊具

4. 软带吊具

软带吊具（图 5-38）多用于板式预制构件的翻转，可以避免对预制构件边角的损伤。

图 5-38　软带吊具

5. 特殊吊具

特殊吊具（图 5-39）一般多用于异形预制构件的吊运，应根据预制构件的特点进行定制，通用性较差。

图 5-39　特殊吊具

5.8.2　吊索

预制构件吊运所用吊索一般为钢丝绳或链条吊索，根据吊运预制构件的特点等实际情况选择适宜的吊索。

1. 钢丝绳

钢丝绳是将力学性能和几何尺寸符合要求的钢丝按照一定的规则捻制在一起的螺旋状钢丝束。钢丝绳强度高、自重轻、工作平稳、不易骤然整根折断，工作可靠，是预制构件吊装最常用的吊索，见图 5-40。

图 5-40　钢丝绳

（1）钢丝绳的选择

1）钢丝绳构造可按 $6 \times 19 + 1$（表示 6 股，每股 19 根钢丝，加一股绳芯）这种方式表示。钢丝绳中钢丝越细（同等直径钢丝数量越多）越不耐磨，但比较柔软，弹性较好；反之，钢丝越粗越耐磨，但比较硬，不易弯曲，所以应视用途不同而选用适宜的钢丝绳。吊装中一般选用 $6 \times 24 + 1$ 或 $6 \times$

37 + 1 两种构造的钢丝绳。

2）钢丝绳的强度等级分为 1570N/mm²、1670N/mm²、1770N/mm²、1870N/mm²、1960N/mm²、2160N/mm² 等级别，计算钢丝绳理论破断拉力时，用相应级别系数乘以钢丝绳有效截面面积（注意有效截面面积是钢丝累计面积，不是按钢丝绳直径计算的理论截面面积），1670N/mm² 为预制构件安装中较常用的一种。

图 5-41　编结法

（2）钢丝绳的连接方式

1）钢丝绳固定端连接一般为编结法（图 5-41）、绳夹固定法（图 5-42）、压套法（图 5-43）等。

2）预制构件安装在满足承载力条件下，首选铝合金压套法和编结法连接方式。

图 5-42　绳夹固定法

图 5-43　压套法

（3）钢丝绳的报废

1）钢丝绳的报废应参照《起重机　钢丝绳　保养、维护、检验和报废》GB/T 5972—2016）中的相关规定执行。

2）一般目测钢丝绳发生多处断丝、绳股断裂、绳径减小、明显锈蚀或变形等现象时应判定报废。

2. 链条吊索

1）链条吊索是以金属链环连接而成的吊索，按照其形式主要有焊接和组装两种。

2）链条吊索材料为优质合金钢，特点是耐磨、耐高温、延展性低、受力后不会伸长等，其使用寿命长，易弯曲，适用于大规模、频繁使用的场合，见图5-44。

3）在使用前，须看清标牌上的工作荷载及适用范围，严禁超载使用，并对链条吊索做目测检查，符合后方可使用。

图5-44 链条吊索

4）使用过程中目测或使用设备检查链环焊接开裂或其他有害缺陷，链环直径磨损减少10%左右，链条外部长度增加3%左右，表面扭曲、严重锈蚀以及积垢等，必须予以更换。

5.8.3 索具

吊装作业时索具与吊索配套使用，预制构件吊运常用的索具有吊钩、卸扣、普通吊环、旋转吊环、强力环及定制专用索具等。

1. 吊钩

1）吊钩常借助于滑轮组等部件悬挂在起升机构的钢丝绳上，见图5-45。

2）吊钩应有制造厂的合格证等技术文件方可使用。

3）一般采用羊角形吊钩，使用时不准超过核定承载力范围，使用过程中发现有裂纹、变形或安全锁片损失，必须予以更换。

2. 卸扣

1）卸扣是吊点与吊索的连接工具，可用于吊索与梁式吊具或平面架式吊具的连接，以及吊索与预制构件的连接，见图5-46。

图5-45　吊钩　　　　　　图5-46　卸扣

2）卸扣使用时要正确地支撑荷载，其作用力要沿着卸扣的中心线的轴线上，避免弯曲及不稳定的荷载，不准过载使用，卸扣本身不得承受横向弯矩作用，即作用承载力应在本体平面内。

3）使用中发现有裂纹、明显弯曲变形、横销不能闭锁等现象，必须予以更换。

3. 普通吊环

1）普通吊环分为吊环螺母和吊环螺钉，是用丝扣方式与预制构件进行连接的一种索具，一般选用材质为20或25号钢，见图5-47。

2）使用吊环不准超出允许受力范围，使用时必须与吊索垂直受力，严禁与吊索斜拉起吊。

3）使用中发生变形、裂纹等现象，必须予以更换。

4. 旋转吊环

1）旋转吊环又称为万向吊环或旋转吊环螺钉，见图5-48。

图 5-47　普通吊环　　　图 5-48　旋转吊环

2）旋转吊环的螺栓强度等级主要有 8.8 级和 12.9 级两种，受力方向分为直拉和侧拉两种，常规直拉吊环允许不大于 30°角方向的吊装，侧拉吊环的吊装不受角度限制，但要考虑因角度产生的承重受力增加比例。

3）在满足承载力条件下，旋转吊环可直接固定在预制构件的预埋吊点上，再连接吊索用以吊运作业。

5. 强力环

1）强力环又称为模锻强力环、兰姆环、锻打强力环，是一种索具配件，见图 5-49。其材质主要有 40 铬、20 铬锰钛、35 铬钼三种，其中 20 铬锰钛比较常用。

图 5-49　强力环

2）在预制构件吊运中，常用强力环与链条、钢丝绳、双环扣、吊钩等配件组成吊具。

3）使用中强力环扭曲变形超过 10°、表面出现裂纹、本体磨损超过 10% 以上，必须更换。

6. 定制专用索具

1）根据预制构件结构及受力特点可针对性设计合理的索具，如直接用于固定在预制构件吊点上的吊绳（图 5-50），用高强螺栓固定在预制构件吊点上的专用索具（图 5-51）等。设计的索具必须经过受力分析或破坏性拉断试验，使用时一般经验取 5 倍以上的安全系数。

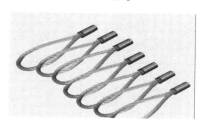

图 5-50　吊绳

图 5-51　专用索具

2）定制的专用索具在使用时发现变形或焊缝开裂等现象，必须予以更换。

5.9　常用工具

预制构件工厂除生产设备外，应根据生产需要配备一些常用工具，见表 5-1。

表5-1 常用工具

类别	工具名称	说明	类别	工具名称	说明
测量	卷尺	5m	浇筑混凝土	料斗	1.5m³
	直尺	钢板尺		铁锹	翻、平混凝土
	三角尺	宽底三角尺		刮板	混凝土面刮平
	卡尺	检验模具		铝质靠尺	
	2m靠尺 + 塞尺	平整度检测		木抹子	混凝土面抹压
	精密水准仪	模台平整度		铁抹子	
钢筋加工	套丝机	钢筋套丝	修改模具	手电钻	钻孔
	钢筋绑扎钩	捆绑丝		磁力钻	
	钢筋剪刀钳	大号		角磨机	模具打磨
	各种扳手	常用扳手		G形卡子	模具固定
	钢筋折弯器	弯钢筋		各种钻头	模具、模台钻孔
	电动绑丝机	捆绑丝		丝锥	攻丝

（续）

类别	工具名称	说明	类别	工具名称	说明
组模、拆模	手拉葫芦	脱模用	修改模具	电钻	模具、模台钻孔
	定位销起拔器	起定位销			
	磁盒	固定模具	修补工具	磨片	打磨混凝土
	磁座	固定线盒		砂板	打磨混凝土
	梅花扳手	拆装模具固定螺栓		刮铲	清除水泥浆
	电动扳手			刷子	清除浮水
	又扳手			吹风机	清除灰尘
	铁锤	拆模用	其他	试块模具	制作混凝土试块
	滑锤	拆模用		胶枪	模具拼缝打胶
				坍落度筒	检测坍落度

95

5.10 设备维护与保养要点

设备的正常运行是保证生产的重要前提，也是减少窝工降低成本的关键因素，因此要重视设备的维护与保养，并注重做好以下工作：

1）制定各种设备的管理制度并落实责任人，并进行全面、及时、有效的培训。

2）加强对设备的日常维护检查，制定设备点检标准，并设计相应的点检表格。

3）交接班时，按规定做好每班的日常维护与保养并做好记录。

4）根据设备说明书或保养手册的规定，制定日检、周检、月检、年检的项目、内容。

5）设专人对设备进行保养，制定好日、周、月、年的保养计划并实施。

6）建立健全设备管理档案，包括设备维护、保养档案和设备维修档案。

预制构件生产常用设备维护与保养要点如下：

1. 吊车维护与保养要点

1）主要检查部件包括：钢丝绳、吊钩、制动器、控制器、限位器、电气元件及安全开关。

2）对电机、减速箱、轴承支座等润滑油进行定期检查，及时添加润滑油。

3）定期检查大车、小车运行轨道磨损情况。

2. 搅拌站维护与保养要点

1）检查搅拌站主机设备的运转是否正常，检查机身是否平稳，各连接螺栓是否牢固。

2）检查各电气控制装置是否安全可靠、是否灵活。

3）检查空压机运行是否正常。

4）检查润滑油泵罐内润滑油是否充足。

5）清理搅拌机时一定要切断电源。

6）检查上料系统是否精确，及时校正计量系统。

7）定时清洗搅拌主机并加注润滑油。

3. 布料机维护与保养要点

1）检查螺旋轴运行是否正常。

2）检查电气部件是否老化。

3）检查液压开启门是否灵活。

4）检查轴承润滑油是否充足。

5）检查运行轨道磨损情况。

4. 振捣设备维护与保养要点

1）检查气动元器件、电气元件、电线等是否老化。

2）及时添加液压油及润滑油。

3）检查振动电机工作有无异常。

4）检查固定螺栓（紧固件）有无松动。

5. 码垛机维护与保养要点

1）检查整体运行情况，有没有异常声音。

2）检查钢丝绳有没有破损。

3）检查固定螺栓（紧固件）有无松动。

4）检查轴承润滑油是否充足。

5）检查运行轨道磨损情况。

6）检查气动元器件、电气元件、电线等是否老化。

6. 倾斜设备维护与保养要点

1）检查整体运行情况，有没有异常声音。

2）检查气动元器件、电气元件、电线等是否老化。

3）检查轴承润滑油是否充足。

4）检查固定螺栓（紧固件）有无松动。

7. 养护窑维护与保养要点

1）检查蒸汽阀门开启是否正常。

2）检查窑门导向槽、窑内滚轮、蒸汽阀门开启螺栓润滑油是否充足。

3）检查管道过滤器、疏水阀清洗情况。

4）检查控制柜电气元件是否老化。

5）检查升降机的升降系统、控制系统是否正常。

8. 自动控制系统维护与保养要点

1）检查控制台和机箱内外灰尘清理情况。

2）检查主控系统线束及机械部件是否磨损。

3）检查系统程序运行是否正常。

4）检查打印机及耗材是否完好、正常。

第6章　预制构件原材料的验收与保管

　　制作预制构件所使用原材料的质量对预制构件质量有着直接和重大的影响。本章介绍混凝土材料验收与保管（6.1）、表面装饰材料验收与保管（6.2）、保温材料验收与保管（6.3）、埋设材料验收与保管（6.4）和其他材料验收与保管（6.5）。钢筋、灌浆套筒等是预制构件重要的材料，在本套丛书的《钢筋加工》一书中有详细介绍，本章不再赘述。

6.1　混凝土材料验收与保管

6.1.1　水泥

1. 水泥的检验与验收

　　根据《装标》9.2.6条，水泥进厂检验应符合以下规定：

　　1）同一厂家、同一品种、同一代号、同一强度等级且连续进厂的硅酸盐水泥、袋装水泥不超过200t为一批，散装水泥不超过500t为一个检验批。

　　2）按批抽取试样进行水泥强度、安定性和凝结时间检验，设计有其他要求时，尚应对相应的性能进行试验，检验结果应符合现行国家标准《通用硅酸盐水泥》GB 175的有关规定。

　　3）同一厂家、同一强度等级、同白度且连续进厂的白色硅酸盐水泥，不超过50t为一批；按批抽取试样进行水泥强度、安定性和凝结时间检验，设计有其他要求时，尚应对相应的性能进行试验，检验结果应符合现行国家标准《白色硅酸盐水泥》GB/T 2015 的有关规定。

4）供货单位应提供水泥的产品合格证或质量检验报告。

2. 水泥的保管

1）散装水泥应存放在水泥仓内，仓外要挂有标识，标明进库日期、品种、强度等级、生产厂家、存放数量和检验标识等，见图6-1。

2）袋装水泥要存

图6-1 散装水泥存放

放在库房里，应垫起离地约30cm，堆放高度一般不超过10袋；临时露天暂存水泥须用防雨篷布盖严，底板要垫高，并采取防潮措施。

3）保管日期不能超过90d，存放超过90d的水泥要经重新检查外观、测定强度等指标，合格后方可按测定值调整配合比后使用。

6.1.2 骨料

1. 骨料的检验与验收

1）砂子进场检验项目：筛分析、表观密度、吸水率、含水率、含泥量、泥块含量等。

2）石子进场检验项目：筛分析、表观密度、含泥量、石粉含量、压碎指标值、针片状含量等。

3）同一厂家（产地）且同一规格的骨料，不超过400m³或600t 为一个验收批。一般多以质量划分验收批。

4）供货单位应提供骨料的产品合格证或质量检验

报告。

2. 骨料的保管

1）骨料存放要按品种、规格、产地分别堆放，每堆要挂有标识牌，标明规格、产地、存放数量和检验标识。

2）骨料存储应具有防混料和防雨等措施。

3）骨料存储应当有骨料仓或者专用的棚厦，不宜露天存放，防止对环境造成污染。

6.1.3 矿物掺合料

1. 矿物掺合料的检验与验收

根据《装标》9.2.7条，矿物掺合料进厂检验应符合以下规定：

1）同一厂家、同一品种、同一技术指标的矿物掺合料，粉煤灰和粒化高炉矿渣粉不超过200t为一批，硅灰不超过30t为一批。

2）矿物掺合料进厂时，供货单位应提供质量检验报告或产品出厂合格证。

3）按批抽取试样进行细度（比表面积）、需水量比（流动度比）和烧失量（活性指数）试验；设计有其他要求时，尚应对相应的性能进行试验；检验结果应分别符合现行国家标准《用于水泥和混凝土中的粉煤灰》GB/T 1596、《用于水泥和混凝土中的粒化高炉矿渣粉》GB/T 18046 和《砂浆和混凝土用硅灰》GB/T 27690 的有关规定。

2. 矿物掺合料的保管

1）袋装矿物掺合料要存放在库房内并苫盖，注意防潮防水；散装矿物掺合料应存放在立库内。

2）库位或立库应设有明显的标识牌，标明进场时间、品种、型号、厂家、存放数量、检验标识等。

3）矿物掺合料入库后应及时使用，一般存放期不宜超过3个月。袋装的矿物掺合料在存放期内应定期翻动，以免干结硬化。

6.1.4 减水剂

1. 减水剂的检验与验收

根据《装标》9.2.8条，减水剂进厂检验应符合以下规定：

1）同一厂家、同一品种的减水剂，掺量大于1%（含1%）的产品不超过100t为一批，掺量小于1%的产品不超过50t为一批。

2）按批抽取试样进行减水率、1d抗压强度比、固体含量、含水率、pH值和密度试验。

3）检验结果应符合国家现行标准《混凝土外加剂》GB 8076、《混凝土外加剂应用技术规范》GB 50119 和《聚羧酸系高性能减水剂》JG/T 223 的有关规定。

4）减水剂进厂时，应对生产厂家、品种、生产日期、质量检验报告或产品合格证等进行核验，核对无误后方可称重入库。

2. 减水剂的保管

1）水剂型减水剂宜在塑料容器内存放，粉剂型减水剂宜存放在室内并注意防潮。

2）减水剂要按品种、型号、产地分别存放，存放在室外时应加遮盖，避免日晒雨淋。

3）大多数水剂型减水剂有防冻要求，冬季必须在5℃以上环境存放。

4）减水剂存放要挂有标识牌，标明名称、型号、产地、数量、进厂日期、检验标识等信息。

6.1.5 水

根据《装标》9.2.11 条，混凝土拌制及养护用水应符合现行行业标准《混凝土用水标准》JGJ 63 的有关规定，并应符合下列规定：

1）混凝土拌合用水按水源可分为饮用水、中水、地表水、地下水、海水以及经过处理并检验合格的工业废水。

2）饮用水可拌制各种混凝土，采用饮用水时，可不检验。

3）采用中水时，应对其成分进行检验，同一水源每年至少检验一次。

4）地表水和地下水首次使用前，应进行检测。

5）海水可用于拌制素混凝土，但不得用于拌制钢筋混凝土和预应力混凝土；有饰面要求的混凝土也不得用海水拌制。

6）工业废水须经过处理并检验合格方可用于拌制混凝土。

6.2 表面装饰材料验收与保管

6.2.1 石材

1. 石材的检验与验收

1）石材验收要根据设计图样的要求进行。

2）石材要符合现行标准的要求，常用石材厚度为25～30mm。

3）石材除了考虑安全性的要求外，还要考虑装饰效果。

4）石材采购尽可能减少色差。

5）石材表面不得有贯穿性裂纹和明显的斑块。

6）进厂的石材要有合格证、检验报告等质量证明文件。

2. 石材的保管

1）石材板材直立码放时，应光面相对，倾斜度不应大于15°，底面与光面之间用无污染的弹性材料支撑。

2）按规格、型号分类存放，并做好标识。

3）每组石材应挂明细单，列明每块石材的规格、尺寸等信息。

4）石材宜采用木板等打包，存放高度不宜过高，防止破损。

6.2.2 装饰面砖

1. 装饰面砖的检验与验收

1）装饰面砖验收要根据设计图样和国家现行相关标准要求进行。

2）各类装饰面砖的外观尺寸、表面质量、物理性能、化学性能要符合相关规范要求；由厂家提供型式检验报告，必要时要进行复检。

3）外包装箱上要求有详细的标识，包含：制造厂家、生产产地、质量标志、砖的型号、规格、尺寸、生产日期等。

4）要对照样块进行检查验收，主要检查装饰面砖的尺寸偏差、颜色偏差和翘曲情况。

5）进厂的装饰面砖要有合格证、检验报告等质量证明文件

2. 装饰面砖的保管

1）要存放在通风干燥的仓库内，注意防潮。

2）可以码垛存放，但不宜超过 3 层。

3）按照规格、型号分类存放，做好标识。

6.3 保温材料验收与保管

1. 保温材料的检验与验收

根据《装标》9.2.14 条，保温材料进厂检验应符合以下规定：

1）同一厂家、同一类别、同一规格，不超过 5000m³ 为一批。

2）按批抽取试样进行导热系数、密度、压缩强度、吸水率和燃烧性能试验。

3）检验结果应符合设计要求和国家现行相关标准的有关规定。

4）保温材料按体积验收数量，计量单位为 m³，由仓库保管员进行清点核算，生产厂家要提供产品数量、型号、生产日期等。

5）进厂的保温材料要有合格证、检验报告等质量证明文件。

2. 保温材料的保管

1）保温材料要存放在防火区域，存放区域须配置消防器材。

2）存放时应注意防水、防潮。

3）应按品种、类别、规格、型号分开存放。

6.4 埋设材料验收与保管

6.4.1 门窗的验收与保管

1）根据设计图样要求进行门窗的采购。

2）门窗材质、外观质量、尺寸偏差、力学性能、物理性能等应符合现行相关标准。

3）门窗进厂时要有合格证、使用说明书、型式检验报告等相关质量证明文件。

4）门窗进厂时保管员与质检员需逐套对其材质、数量、尺寸进行检查。

5）门窗应放置在清洁、平整的地方，且应避免日晒雨淋；不要直接接触地面，下部应放置垫木，且均应立放，与地面夹角不应小于70°，要有防倾倒措施。

6）门窗不得与有腐蚀性的物质接触。

7）每一套门窗都要有单独的包装和防护，并且有标识。

6.4.2 防雷引下线的验收与保管

防雷引下线通常用 25mm × 4mm 镀锌扁钢、圆钢或镀锌绞线等制成；日本一般采用直径 10 ~ 15mm 的铜线。防雷引下线应满足《建筑物防雷设计规范》GB 50057—2010 中的要求。

1. 防雷引下线的检验与验收

1）材质要符合设计要求。

2）规格、型号、外观、尺寸要符合设计要求。

3）材料进场要有材质检验报告。

4）外层有防锈镀锌要求的，要确保镀锌层符合现行规范要求。

5）进厂的防雷引下线要有合格证、检验报告等质量证明文件。

2. 防雷引下线的保管

1）防雷引下线要存放在通风干燥的仓库中。

2）存放时要有明显的标识。

3）存放时应架高，不得落地堆放或与其他金属物堆放在一起。

4）不得与酸、碱、油等具有腐蚀性的物质接触。

6.4.3 水电管线的验收与保管

当预制构件需要埋设水电管线时，对进厂水电管线材料的验收、检验和保管应符合以下要求：

1. 水电管线的检验与验收

1）水电管线应符合国家现行相关标准。

2）对水电管线要进行外观质量、材质、尺寸、壁厚等指标验收。

3）有工艺特殊要求的水电管线要符合工艺设计要求。

4）水电管线要符合设计图样的要求。

5）进厂的水电管线要有合格证、检验报告等质量证明文件。

2. 水电管线的保管

1）水电管线储存保管要通风干燥，防火、防暴晒。

2）水电管线要有标识，按规格、型号、尺寸分类存放。

6.5 其他材料验收与保管

6.5.1 拉结件的验收与保管

拉结件质量的好坏直接影响夹芯保温板的内叶板与外叶板连接的可靠性，因此对拉结件应进行严格的检验与验收。

1. 拉结件的检验与验收

根据《装标》9.2.16 条，拉结件进厂检验应符合以下规定：

1）同一厂家、同一类别、同一规格产品，不超过10000件为一批。

2）按批抽取试样进行外观尺寸、材料性能、力学性能检验，检验结果应符合设计要求。

3）拉结件厂家要提供产品合格证和相关的试验、检测报告。

2. 拉结件的保管

1）按类别、规格、型号分别存放。

2）存放要有标识。

3）存放在干燥通风的场所。

4）存放时要有防变形、防金属拉结件锈蚀等措施。

6.5.2　钢筋间隔件的验收与保管

钢筋间隔件（保护层垫块），按材质分为水泥间隔件、塑料间隔件和金属间隔件三种类型，钢筋间隔件的选用、检验应注意以下几点：

1. 钢筋间隔件的验收

钢筋间隔件应符合现行行业标准《混凝土结构用钢筋间隔件应用技术规程》JGJ/T 219规定：

1）间隔件应做承载力抽样检查，间隔件承载力应符合要求。

2）检查数量：同一类型的钢筋间隔件，每批检查数量宜为0.1%，且不应少于5件。

3）检查方法：检查产品合格证和出厂检验报告。

4）水泥基类钢筋间隔件应符合现行有关标准，检查砂浆或混凝土试块强度。

5）检查外观、形状、尺寸，偏差符合规程要求。

2. 钢筋间隔件的保管

1）钢筋间隔件应存放在干燥、通风的环境。

2）钢筋间隔件应按品种、类别、规格分类存放并做好标识。

3）钢筋间隔件上不得沾染油脂或其他酸、碱类化学物质。

4）间隔件上方不得重压；塑料类间隔件存放不得超过产品有效期。

6.5.3 脱模剂、缓凝剂和修补料的验收与保管

1）应选用无毒、无刺激性气味、不应影响混凝土性能和预制构件表面装饰效果的脱模剂、缓凝剂、修补料。

2）验收时要对照采购单，核对品名、厂家、规格、型号、生产日期、说明书等。

3）运输、储存过程中防止暴晒、雨淋、冰冻。

4）存放在专用仓库或固定的场所，妥善保管，方便识别、检查、取用等。

5）在规定的使用期限内使用，超过使用期应做试验检查，合格后方能使用。

6）脱模剂应按照使用品种，选用前及进厂后每年进行一次匀质性和施工性能试验。

7）进厂的脱模剂、缓凝剂、修补料要有合格证、检验报告等质量证明文件。

第7章 预制构件制作准备

预制构件制作准备是确保生产有序、质量可控的必要条件。本章介绍生产计划编制（7.1）、材料及配套件计划与准备（7.2）、设备工具检查及合理安排（7.3）和技术交底（7.4）。

7.1 生产计划编制

合理、可行的生产计划是保证项目履约的关键，在预制构件生产前一定要编制切合实际的生产计划。生产计划编制主要包括以下内容：

1. 生产计划依据

1）设计图样汇总的预制构件清单。

2）合同约定的交货期、总工期和主要的供货时间节点。

3）技术要求等合同附件。

4）施工现场预制构件安装落实到日的计划。

2. 生产计划要求

1）保证按时交货。

2）要有确保产品质量的生产时间。

3）编制计划要尽可能降低生产成本。

4）尽可能做到生产均衡。

5）生产计划要详细，一定要落实到每一天、每一个预制构件。

6）生产计划要定量。

7）生产计划要找出制约计划的关键因素，重点标识清楚。

3. 影响生产计划的因素

1) 预制构件的种类、数量和复杂程度。

2) 设备与设施可利用的生产能力。

3) 劳动力的调配与平衡能力。

4) 模具种类、数量及到货时间。

5) 原材料、配套件种类、数量及到货时间。

6) 存放场地可利用的存放空间。

7) 工器具的配备情况。

8) 能源的供给情况。

9) 制作隐蔽节点及时验收的能力。

10) 技术方面的保障能力。

11) 编制计划要定量，还要有灵活性，当有些生产环节成为瓶颈时，可以采用灵活的办法加以解决，例如：

①进行资源扩展，如搅拌站生产能力不够，可购买商品混凝土；起重机能力不足，可以临时租用轮式起重机等。

②进行措施加强，如天气寒冷，养护时间延长影响生产时，固定模台养护可用加厚的棉被进行苫盖，以缩短养护时间。

③快速培训人员，最好的工人培训新手，先进行简单的作业；普通的熟练工人从事正常的作业，人员培训效率会有很大提升。

4. 如何编制生产计划

计划分为总计划和分项计划

（1）总计划　总计划是项目全过程的一个纲领性计划，主要包括以下项目：

1) 预制构件设计等技术准备的时间。

2) 模具设计、制作周期。

3）原材料、配套件等到厂时间。

4）试生产（人员培训、首件检验）时间。

5）正式生产时间。

6）出货时间。

7）每一层预制构件生产的具体时间。

表 7-1 给出了某工程预制构件进度总计划表供参考。

（2）分项计划　分项计划是相关工作根据总计划落实到天、落实到件、落实到模具、落实到人员的详细计划。

分项计划主要包含以下项目：

1）编制预制构件具体的制作计划，具体的制作计划应落实到每一天、每一个预制构件、每个模台（采用固定模台工艺时）、每个模具等，参见表 7-2。

2）编制模具计划。编制模具计划应注意以下要点：

①模具种类、每种模具数量、模具总的数量。

②模具的设计单位，设计完成的时间。

③模具的制作单位，制作完成的时间。

④模具的运输方式，运输需要的时间。

⑤模具到货或者分批到货的时间。

⑥模具验收的时间和验收组织。

⑦模具的试组装时间和检查。

⑧首件制作、检查及模具调整的时间。

3）编制劳动力计划。编制劳动力计划应注意以下要点：

①用工形式的确定，如：外包、劳动派遣，自有员工计时或计件。

②班次安排，如：一班，还是两班倒。

表7-1 某工程预制构件进度总计划表

序号	项目	6月份			7月份			8月份		
		1~10	11~20	21~30	1~10	11~20	21~31	1~10	11~20	21~31
1	制作图	6月1日结束								
2	模具加工		模具6月25日到第一批，6月29日全部到齐							
3	原材料进厂		6月5日开始采购原材料，陆续进厂							
4	试生产			6月27日试生产						
5	正式生产				7月1日正式生产，8月18日生产结束					
6	出货						7月22日开始出货吊装，8月31日出最后一批货			
7	3层构件									
8	4层构件									
9	5层构件									
10	6层构件									
11	7层构件									
12	8层构件									
13	9层构件									

表7-2　某工厂预制构件周生产计划表

类型	模台号	每模周转次数	模具编号	方量	单位	5月13日 星期一	5月14日 星期二	5月15日 星期三	5月16日 星期四	5月17日 星期五	5月18日 星期六	5月19日 星期日
柱	5#	8	NO.10	2.050	m³	6KZ1-13D	6KZ4-13E	6KZ4-13H	6KZ1-13J	7KZ1-13J	7KZ4-13H	7KZ4-13E
	5#	8	NO.15	2.050	m³	6KZ5-09L	6KZ5-06B	6KZ5-09B	6KZ5-08B	7KZ5-08B	7KZ5-09B	7KZ5-06B
	6#	4	NO.13	3.260	m³	6KZ7-11E	7KZ7-11H	7KZ7-11E	8KZ7-11E	8KZ7-11H	8KZ6-04H	
	6#	5	NO.9	2.675	m³	7KZ1-02E	8KZ1-02E	7KZ1A-02L	7KZ1A-02B	7KZ1A-13B	7KZ1A-13L	
梁	8#	6	NO.1	4.025	m³	7KL01-06L	7KL06-02F	7KL05-06B	7KL05-08B	7KL01-08L	8KL12-13F	8KL06-02F
	4#	2	NO.2	3.022	m³	8KL44A-04E	8KL44A-04E	9KL44A-04E	8KL44A-04H	8KL44A-04H		9KL44A-04H
	9#	2	NO.4	2.983	m³		8KL04-11H		8KL04-11E		9KL04-11E	
	7#	2	NO.7	4.534	m³		9KL04-06E		9KL04-06H		10KL04-06H	
	10#	2	NO.3	3.022	m³					10KL4A-04H		11KL4A-04H

③根据生产均衡或流水线合理节拍确定各个环节的劳动力数量及用工总数量。

④现有岗位或外包人员可调剂的劳动力数量。

⑤劳动力缺口补充办法及时间。

⑥新员工和外包人员的培训时间和方式。

4）编制材料、配套件等计划（参见本章7.2）。

5）编制设备、工具计划（参见本章7.3）。

6）编制存放场地使用计划。编制存放场地使用计划应注意以下要点：

①需要存放场地的面积。

②预制构件存放区域划分。

③各种预制构件存放数量。

④预制构件存放周期。

⑤预制构件存放需要的存放架、枕木、垫块、垫方的规格、数量及时间。

7）编制能源使用计划。编制能源使用计划应注意以下几点：

①总用电量、总用水量、蒸汽总用量需求。

②用电量集中时间段。

③是否有避峰要求。

④临时应急电源（发电机组）的配置。

⑤临时应急供水方案，如：采用贮水池或双管网供水。

⑥根据温度、生产节拍、混凝土强度增长等因素确定是否需要启用蒸汽养护，如需要，应编制蒸汽养护方案。

⑦供电、供水、供汽相关设备、设施和管网的检查、维护时间及方案

8）编制安全设施、护具使用计划等。编制安全设施、

护具使用计划宜从以下方面考虑：

①安全防护点数量及安全防护设施的配置要求。

②生产存在的风险种类及对应的安全防护要求。

③作业中需要进行安全防护的工艺及人员数量。

④安全设施的状态检查、维护时间及方案。

⑤护具的发放标准、发放时间及管理办法等。

7.2　材料及配套件计划与准备

预制构件生产的部分材料、配套件需要在外地采购或外委加工，如果材料、配套件不能及时到货就会影响生产，所以生产前材料、配套件必须及时到位。采购材料、配套件时要充分考虑加工周期、运输时间、到货时间。

材料、配套件计划与准备主要考虑以下要点：

1）应依据图纸、技术要求、生产总计划编制材料、配套件需求计划。

2）采购人员与库房保管员核查需求计划中的材料、配套件的库存数量。

3）根据库存数量和需求计划制订材料、配套件采购和到货计划。

4）计划要全面覆盖不能遗漏，要求清单详尽列明。

5）材料、配套件可以分批采购、分批到货，减少资金占用；材料、配套件到厂时间要有提前量。

6）外地采购的材料、配套件要考虑运输时间，还要预防突发事件的发生，时间和数量都要有富余量。

7）材料、配套件准备要考虑到试验和检验验收需要的时间。

8）各种材料及配套件要选择两家以上的供应商，以保证采购质量、降低采购成本，也可以避免因供应商突发事件影响供货。

7.3 设备工具检查及合理安排

下达预制构件生产计划前要充分考虑设备的生产能力，检查设备和工具的完好状况，多个项目的预制构件同时进行生产时，要做好设备和工具的平衡和调配，还要充分考虑设备出现故障对生产带来的影响，设备能力不能满足生产要求时，要有应急预案来保证交货期。

对下列设备和工具要重点做好检查及合理安排：

1. 流水线设备

1）设计每个工位合理的流水节拍，找出制约流水线生产节拍的瓶颈工位，并加以解决。

2）妥善安排设备检修和维护保养的时间，尽可能利用生产间隙进行设备维修和维护保养。

3）设备操作人员要有后备人员，防止请假等突发事件发生时没有人操作设备。

2. 起重设备

1）定量计算出每天需要转运的材料及预制构件，合理安排起重设备的使用时间。

2）厂房内起重机不够用时，可以借助叉车等予以配合。

3）存放场地门式起重机不够用时，可以临时租用轮式起重机。

4）强化起重设备的日常维护保养，防止起重设备运行故障影响生产。

5）保证几名其他岗位生产骨干也持有起重设备特种设备操作证，以备补缺。

3. 钢筋加工设备

1）同规格、同型号的钢筋制品应尽可能安排集中生产，减少更换设备程序及工装的频次，提高加工效率。

2）规模小的企业，钢筋桁架、钢筋网片及箍筋等可以考虑外委托加工。

3）钢筋制品生产比预制构件制作要有一定的提前量。

4）做好设备维护保养，保证连续生产。

4. 混凝土搅拌站设备

1）强化搅拌站设备尤其是搅拌主机的日常维护保养，防止搅拌设备发生运行故障影响生产。

2）要合理安排好不同强度混凝土搅拌时间及转换的安排，提高搅拌效率，同时还要避免混凝土搅拌发生差错。

3）合理安排搅拌辅助工作（如料仓加料、主轴加油等）的时间，保证搅拌站的生产能力。

4）设备故障或搅拌量满足不了生产需要时，可以采购商品混凝土应急，但商品混凝土的配合比质量应满足预制构件的设计要求。

5. 非常规的设备

1）提前准备好特殊预制构件翻转所需要的设备。

2）特大型预制构件运输要准备好相对应的运输设备。

3）订单量大、蒸汽设备不够用时，可启用临时小型蒸汽锅炉。

6. 工具

对常用的工具如振动棒、手电钻、各种测量器具、各种扳手的数量和完好状态要进行检查，如果不足或不能正常使用，应及时购买或维修。

7. 备用设备

有时会出现停电、停水现象，应当定期检查备用发电机的完好状况和备用水箱或水池、水泵、管线的完好状况。

7.4 技术交底

1. 技术交底的含义

技术交底是技术人员在生产前，向相关管理人员、质检人员和操作人员介绍预制构件制作要点、设计意图、采用的制作工艺、操作方法和技术保证措施等情况。

2. 要求技术交底的工艺、工法

预制构件制作中要求进行技术交底的工艺、工法包括但不限于下列内容：

1）原、辅材料采购与验收技术交底。

2）混凝土配合比技术交底。

3）套筒灌浆接头加工技术交底。

4）模具组装与脱模技术交底。

5）钢筋骨架制作与入模技术交底。

6）套筒或浆锚孔内模或金属波纹管固定方法技术交底。

7）预埋件或预留孔内模固定方法技术交底。

8）机电设备管线、防雷引下线埋置、定位、固定技术交底。

9）混凝土浇筑技术交底。

10）夹芯保温板的浇筑方式、拉结件锚固方式和保温板铺放方式等技术交底。

11）预制构件养护技术交底。

12）各种预制构件吊具使用技术交底。

13）非流水线生产的预制构件脱模、翻转技术交底。

14）各种预制构件场地存放、装车、封车固定、运输技术交底。

15）形成粗糙面方法技术交底。

16）预制构件修补方法技术交底。

17）装饰一体化预制构件制作技术交底。

18）新预制构件、大型预制构件或特殊预制构件制作工艺技术交底。

19）敞口预制构件、L形预制构件吊装、存放、运输临时加固措施技术交底。

20）半成品、成品保护措施技术交底。

21）预制构件编码标识设计与芯片植入技术交底等。

3. 技术交底的要点

1）技术交底时要明确技术负责人、质检人员、管理人员及操作人员的责任。

2）当预制构件采用新技术、新工艺、新材料及新设备时应进行详细的技术交底。

3）技术交底应该分层次进行，直至交底到具体的操作人员。

4）技术交底必须在制作前进行，应该有书面的技术交底资料，最好有示范、样板等演示资料，可通过微信、视频等网络方法发布技术交底资料，方便员工随时查看。

5）技术交底应有书面记录，作为履行职责的凭据，技术交底记录的表格应有统一标准格式，技术交底人员应认真填写表格并在表格上签字，接受技术交底的人员也应在交底记录上签字。

第8章 预制构件模具组装

模具组装是预制构件制作的关键工序，模具组装的质量直接影响预制构件成型的质量，本章介绍模台清理（8.1）、模具组装固定（8.2）和模具检查（8.3）。

8.1 模台清理

1. 固定模台清理

固定模台多为人工清理，根据模台状况可有以下几种清理方法：

1）模台面的焊渣或焊疤，应使用角磨机上砂轮布磨片打磨平整。

2）模台面如有混凝土残留，应首先使用钢铲去除残留的大块混凝土，之后使用角磨机上钢丝轮去除其余的残留混凝土（图8-1）。

3）模台面有锈蚀、油泥时应首先使用角磨机上钢丝轮大面积清理，之后用信纳水反复擦洗直至模台清洁。

图8-1 用角磨机清除
残留的混凝土

4）模台面有大面积的凹凸不平或深度锈蚀时，应使用大型抛光机进行打磨（图8-2）。

5）模台有灰尘、轻微锈蚀，应使用信纳水反复擦洗直至模台清洁。

图 8-2 抛光机打磨

2. 流动模台清理

流动模台清理多采用自动清扫设备（图 8-3）进行清理。

图 8-3 模台自动清扫设备

1）流动模台进入清扫工位前，要提前清理掉残留的大块混凝土。

2）流动模台进入清扫工位时，清扫设备自动下降紧贴模台，前端刮板铲除残余混凝土，后端圆盘滚刷扫掉表面浮灰，与设备相连的吸尘装置自动将灰尘吸入收尘袋。

3. 自动流水线模台清理

自动流水线模台也采用模台自动清扫设备清理，清理流程与流动模台一样，不再赘述。

8.2 模具组装固定

8.2.1 固定模台和流动模台模具组装

1. 模具组装操作规程

1）依照图纸尺寸在模台上绘制出模具的边线（图8-4），仅制作首件时采用。

2）在已清洁的模具的拼装部位粘贴密封条防止漏浆。

3）在模台与混凝土接触的表面均匀喷涂脱模剂，擦至面干见图8-5。

图 8-4　绘制出模具的边线

图 8-5　擦脱模剂

4）根据图样及模台上绘制出的模具边线定位模具（图8-6），然后在模板及模台上进行打孔、攻丝，普通有加强肋的模板孔眼间距一般为不大于500mm，如果模板没有加强肋应适当缩小孔眼间距增加孔眼数量。如模板自带孔眼，模台上的孔眼尺寸应小于模板自带的孔眼。钻孔方式应先用磁力钻钻孔，然后用丝锥攻丝，一般模板两端使用螺纹孔，中间部位间隔布置定位销孔和螺纹孔，定位销孔不需要攻丝（仅制作首件时采用）。

图 8-6   定位模具

5）模具应按照顺序组装：一般平板类预制构件宜先组装外模，再组装内模；阳台、飘窗等宜先组装内模，再组装外模。对于需要先吊入钢筋骨架的预制构件，应严格按照工艺流程在吊入钢筋骨架后再组装模具，最后安装上面埋件的工装，见图 8-7。

图 8-7   组装模具

6）模具固定方式应根据预制构件类型确定，异形预制构件或较高大的预制构件，应采用定位销和螺栓固定（图 8-8），螺栓应拧紧；叠合楼板或较薄的平板类预制构件既可采用螺栓加定位销固定，也可采用磁盒固定，见图 8-9。

7）钢筋骨架入模前，在模具相应的模板面上涂刷脱模剂或缓凝剂。

8）对侧边留出箍筋的部位，应采用泡沫棒或专用卡片封堵留出筋伸出孔，防止漏浆，见图 8-9。

图 8-8　螺栓加定位销固定　　　　图 8-9　磁盒固定

9）按要求做好伸出钢筋的定位措施，见图 8-10。

10）模具组装完毕后，依照图样检验模具，及时修正错误部位。

图 8-10　伸出钢筋定位

11）自检无误后报质检员复检。

2. 梁、柱模具组装要点

1）梁、柱模具多为跨度较长的模具，组模时应在长边模具中部加装拉杆和支撑，以防止浇筑时模板中部胀模，见图 8-11。

2）组装梁模具时，应对照图纸检查两个端模伸出钢筋的位置，防止模具两个端模装错、装反，见图 8-12。

图 8-11　梁模中间加拉杆

3）梁伸出钢筋的位置及方向应仔细核对，生产过程中改模一定要封堵好出筋孔，以免误装。

4）组装柱模具时，应先确认好成型面，避免出错。

5）应对照图样检查端模套筒位置，以防止端模组装错误。

图 8-12 检查梁端模
伸出钢筋的位置

3. 墙板模具组装要点

1）模具组装时，应依照图样检查各边模的套筒、留出筋、穿墙孔（挂架孔）等位置，确保模具组装正确。

2）模具组装完成后，应封堵好出筋孔，做好出筋定位措施。

4. 叠合楼板模具组装要点

叠合楼板模具的紧固方式有两种：磁盒紧固、定位销和螺栓紧固。

1）磁盒紧固时，应注意磁盒安放的间距，以防止出现模具松动、漏浆等现象。

2）定位销和螺栓紧固时，应注意检查定位销和螺栓是否齐全，以防止出现模具松动、漏浆等现象。

3）边上有出筋的，应做好出筋位置的防漏浆措施和出筋的定位措施，见图 8-13。

5. 楼梯模具组装要点

楼梯模具分为两种：立模和平模。

1）组装立模楼梯模具时，应注意密封条的粘贴与模具的紧固情况，以防止出现漏浆等现象。

2）楼梯立模安装时应检查模具安装后的垂直度；封模前还要检查钢筋保护层厚度是否满足设计要求。

图8-13　出筋位置防漏浆措施

3）组装平模楼梯模具时，应注意检查螺栓是否齐全，以防止出现模具松动、漏浆等现象，特别是两端出筋部位要做好防漏浆措施。

4）平模安装时要检查模具是否有扭曲变形。

6. 高大立模组装要点

柱、柱梁一体化等预制构件竖立浇筑时须采用高大立模（一般指模具高度超过2.5m）。

1）模具组装前，应搭设好操作平台。

2）注意密封条的粘贴与模具的紧固情况，防止出现漏浆等现象。

3）要检查并控制好模具的垂直度。

4）做好支撑，一方面用以调整模具整体的垂直度，另一方面保证作业人员和模具的安全，防止倾倒。

7. 异形预制构件模具组装要点

装配式混凝土建筑中常见的异形预制构件有飘窗（图8-14）、曲面板（图8-15）、转角预制构件（图8-16）、镂空预制构件（图8-17）、T形梁柱（图2-21）等二维预制构件、平面十字形梁柱（图2-22）等三维预制构件等。

图 8-14　飘窗　　　　　　图 8-15　曲面板

图 8-16　转角预制构件

异形预制构件模具组装要注意以下要点：

1）模具组模前，应对各模板阳角部位进行打磨。

2）组装模具时，应严格按照工艺流程进行作业，并做好模具的

图 8-17　镂空预制构件

紧固、支撑，提高模具的稳定性。

3）异形模具吊运、安装时要保持重心稳定，吊平、吊稳。

4）模具阴角部位，脱模剂一定要涂擦到位。

5）模具组装过程中，挑架、撑架、连模工装不得漏装或少装。

6）异形模具安装时应边安装边检查，螺栓应分次拧紧，以免发生一端拧紧后另一端安装不上的情况。

7）高度较高的模板，还应注意检查其垂直度和扭曲情况。

8）内侧模、转角立面内挡板等应防止胀模，必要时可采取加强措施。

9）带转角窗的预制构件，应检查转角窗的转角角度，确保转角窗位置准确。

10）每次组模前，对较大的不需拆卸的封闭底模，要检查其变形情况。

8.2.2 自动流水线模具组装

自动流水线模具一般都是机械手自动组装，多采用磁力固定方式，组模的基本流程如下：

1）划线机根据预先输入控制系统的预制构件、模具、生产计划等信息，在模台上画出组模标线。

2）机械手根据第1）条中的信息，从指定的模具存放位置夹取模具并放置在指定位置（以上一步中所画标线为基准），见图8-18。

3）自动将模具

图8-18　机械手自动组模

位置调整准确后，机械手打开模具上的磁力开关将模具固定在模台上。

4）夹取下一个模具自动安装。

5）按工艺流程将钢筋骨架、预埋件等按顺序逐个进行安装，直至模具的所有部件全部安装完成。

8.3　模具检查

模具进厂时，应对模具所有部件进行验收；模具安装定位后必须按照图纸进行检查验收并合格。本节主要介绍模具安装后的检查验收，模具安装后的检查内容及要求如下：

1）模具应具有足够的刚度、强度和稳定性，模具尺寸误差的检验标准和检验方法应符合《装标》中9.3.3条的规定，见第3章表3-1。

2）模具各拼缝部位应无明显缝隙，安装牢固，螺栓和定位销无遗漏，磁盒间距符合要求。

3）模具上须安装的预埋件、套筒等应齐全无缺漏，品种规格应符合要求。

4）模具上擦涂的脱模剂、缓凝剂应无堆积、无漏涂或错涂。

5）模具上的预留孔、出筋孔、不用的螺栓孔等部位应做好防漏浆措施。

6）模具薄弱部位应有加强措施，防止过程中发生变形。

7）要求内凹的预埋件上口应加垫龙眼，线盒应采用芯模和盖板固定。

8）工装架、定位板等应位置正确，安装牢固。

第9章　预制构件门窗安装

为保证门窗与混凝土结合可靠，避免门窗周边渗漏，宜在预制构件制作时将门窗预先安装在模具内，然后再浇筑混凝土一次成型。本章介绍门窗的安装方法（9.1）、门窗安装的注意要点（9.2）。

9.1　门窗的安装方法

预制构件门窗一般是在钢筋骨架入模并定位完成后进行安装。

安装门窗的流程为：

清理门窗框底模→将处理好的门窗框放置在底模上→门窗框内四个角定位→在门窗框上安装避雷导线→安装上压框并固定→掰开锚固脚片→预制构件出厂前安装玻璃（如需要工厂安装玻璃）。

9.1.1　门窗框安装前的准备

1. 门窗框的处理

1）门窗框安装前，应检查门窗框保护膜，去除与混凝土结合部位的保护膜，并去掉或切断固定保护膜的胶带，见图9-1。

2）如果门窗框锚固脚片未装好，应先把锚固脚片安装在门窗框上，见图9-2。

2. 安装并清理底模

1）门窗框的底模一般用螺栓和定位销直接固定在模台上不需拆卸，有些需要每次拆卸和安装的则往往做成分段式。

图 9-1　切断的固定保护膜胶带　　　图 9-2　窗框锚固脚片

2）门窗框安装前，应先清理底模，将粘在底模上的混凝土残渣及铁锈等清理干净，并在底模上表面沿周边粘贴止浆胶带。

9.1.2　门窗框的安装

门窗框安装一般按下列流程进行作业：

1）核对门窗框型号正确后，分清门窗框内外、上下，将门窗框放置于底模上，见图9-3。

2）在门窗框内四角位置安装定位挡块，测量门窗框上下、左右距边模的尺寸正确后，紧固定位挡块。

3）上压框拼装成一个整体，在上压框底面贴上防漏浆胶带，胶带应与上压框外沿齐平，接头平整无缺口。

4）将上压框扣压在门窗框上，测量上压框上下、左右距边模的尺寸正确后，固定上压框。

5）门窗框四边如缠有胶带，用刀片将胶带切断，避免形成渗水通道，见图9-1。

6）有避雷要求的，在门窗框指定位置安装避雷铜编带，铜编带与门窗框连接部位应用砂纸去除表面绝缘涂层，见图9-4。

图 9-3　安装窗框　　　图 9-4　门窗框上连接避雷铜编带

7）将门窗框凹槽内的锚固脚片向外掰开，见图 9-5。

9.1.3　门窗玻璃安装

根据需要门窗玻璃也可以在工厂安装到预制构件的门窗框中（图 9-6），日本的一些企业采用此方式比较多，这样可减少施工现场的工作量，提高施工的整体效率。

图 9-5　掰开锚固脚片　　　图 9-6　装好玻璃的预制构件

1）门窗玻璃一般宜在预制构件完成表面修饰作业后或出厂前安装。

2）安装玻璃前，应将门窗框表面清洁干净，门窗框上没有保护膜的，先贴上保护膜。

3）取下门窗框外侧四周的玻璃压条，将四周清理干净。

4）视玻璃的大小，1 人或 2 人用玻璃吸提器将玻璃从外侧安装到门窗框上。

5）将玻璃压条装回原位。

6）玻璃安装完成后，应在玻璃两面贴上保护膜。

9.2　门窗安装的注意要点

1）安装门窗框前，一定要把固定窗框保护膜的胶带去掉或切断，以防胶带形成渗水通道造成渗水。

2）底框和上压框一定要清理干净，不得留有残浆。底框上表面和上压框下表面一定要粘贴止浆胶带，防止漏浆造成门窗框污染。

3）放置门窗框时，一定要确认门窗框的上下、内外、左右正确。

4）固定门窗框时，要防止对门窗框造成损坏或破坏表面涂层。

5）安装或连接避雷导线时，应刮净门窗框接触面上的涂层，并用螺栓拧紧。

6）安装过程中宜轻拿轻放，防止磕碰损坏或破坏门窗框表面涂层。

7）安装门窗玻璃宜使用玻璃吸提器，作业过程中应动作轻柔，防止玻璃损坏。

8）玻璃表面不慎弄脏时，应仔细擦拭干净后方可贴上保护膜。

9）门窗也有在现场施工时安装的情况，预制构件制作时先预埋木砖，方法为：在门窗洞口侧模上钻眼后用木螺钉固定木砖，木砖有大小面的，将小面紧贴侧模安装。宜在木砖上设置锚固筋，确保木砖与混凝土牢固结合。也有采用在门窗洞口内预埋钢副框的方式，预埋钢副框与预埋门窗的作业方法相同。

第10章 预制构件脱模剂、缓凝剂涂刷

为便于预制构件脱模，以及脱模后成型表面达到预定的要求，通常会在模具表面涂刷脱模剂，或在需要做成粗糙面的模具面涂刷缓凝剂。本章介绍脱模剂涂刷（10.1）、缓凝剂涂刷（10.2）的相关方法及要求。

10.1 脱模剂涂刷

脱模剂的作用是使预制构件易于脱模，并确保预制构件与模板的接触面光洁美观。

1. 脱模剂种类

脱模剂有很多种类，用于混凝土预制构件的脱模剂通常包括水性脱模剂和油性脱模剂。

（1）水性脱模剂 水性脱模剂是由有机高分子材料研制而成的，易溶于水，兑水后，涂刷于模板上会形成一层光洁的隔离膜，该隔离膜能完全阻止混凝土与模板的直接接触，并有助于混凝土浇筑时混凝土与模板接触处的气泡能迅速溢出，减少预制构件表面的气孔。水性脱模剂为绿色产品，使用之后不影响混凝土的强度，对钢筋无腐蚀作用，无毒，无害。

（2）油性脱模剂 油性脱模剂常用机油或工业废机油、水、乳化剂等混合而成，其黏性及稠度高，混凝土气泡不容易溢出，易造成拆模后预制构件表面出现气孔，并且严重影响后续表面抹灰砂浆与混凝土基层的黏结力，所以在预制构件生产中的使用已逐渐减少。

本节将以水性脱模剂为例来介绍预制构件生产过程中脱

模剂涂刷的相关要求及方法。

2. 水性脱模剂的稀释

常见的水性脱模剂多为浓缩液（图10-1），颜色呈黄色或淡黄色，使用前应加水稀释。根据不同的品牌及浓度，脱模剂稀释比例为1:2（1份脱模剂、2份水，下同）~1:20，甚至更大，具体应参照脱模剂的使用说明及实际的使用需求确定，稀释后颜色呈乳白色，见图10-2。

图10-1　脱模剂浓缩液

图10-2　稀释后的脱模剂乳液

3. 脱模剂涂刷前模具的清理

涂刷脱模剂前应对模具表面仔细清理，去除残渣、浮灰、颗粒杂质等，确保模具表面干爽洁净。

4. 脱模剂手工涂刷的相关要求及方法

1）使用前先将脱模剂搅匀，如有沉淀，搅匀后不影响效果。

2）可以用滚刷和棉抹布手工擦拭，也可使用喷涂设备喷涂。若不是自动化生产线，建议手工擦拭。

3）在预先处理的清洁模具上，用脱模剂在模具上擦一次，使其完全覆盖在模具上，形成一层透明的薄膜（图10-3），然后用拧干的棉抹布复擦一次，见图10-4。

4）已涂刷脱模剂的模具，必须在规定的有效时间内完成混凝土浇筑。

5）脱模剂必须当天配制当天使用。

6）盛装脱模剂的容器必须每天清洗。

7）凡换用新品种、新工艺的脱模剂时，需先做可行性试验，以求达到最佳稀释倍数及最佳的预制构件表面效果。

图 10-3　涂刷脱模剂　　　　图 10-4　用抹布复擦

5. 脱模剂自动喷涂的相关要求及方法

在全自动生产流水线中，一般都配备了脱模剂自动喷涂设备，普通的喷涂设备只能对底模面进行喷涂，自动化程度较高的喷涂设备，则能自动对包含底模在内的所有模具的表面喷涂脱模剂。用脱模剂自动喷涂设备喷涂脱模剂时，应按下列要求进行：

1）脱模剂自动喷涂设备应配备自动搅拌装置，在喷涂前应搅匀脱模剂，防止沉淀。

2）脱模剂的稀释比例应满足脱模和喷涂设备的使用要求。

3）根据不同的模具，设定好喷涂范围、喷头高度、喷涂速度等参数，在预先处理的清洁模具上，先试喷一下，查看喷头的雾化效果，必要时调整脱模剂的稀释比例或喷头距模板面的距离，直至脱模剂雾化良好、喷涂均匀。

4）启动自动模式，进行自动喷涂。

5）应随时查看脱模剂喷涂情况，发现喷涂效果变化要及时调整。

6）盛装脱模剂的容器必须定期清洗。

7）凡换用新品种、新工艺的脱模剂时，需先做可行性试验，以求达到最佳稀释倍数及最佳的预制构件表面效果。

6. 脱模剂自动喷涂易发生的问题

脱模剂自动喷涂在使用中经常会发生喷涂雾化效果差、喷头堵塞等问题，造成雾化效果差的原因多是脱模剂稀释比例失调，脱模剂稠度过大；而造成喷头堵塞则是脱模剂中含有细粒杂质或是装脱模剂的容器长时间未清理，有沉积物。另外，喷头高度对雾化效果和喷涂量有显著影响，应根据实际使用需求合理调整。

7. 脱模剂涂刷未按要求施工易发生的问题

脱模剂涂刷未按要求施工直接影响预制构件的外观质量，产生如麻面、局部疏松、表面色差或脏污等问题。

1）脱模剂涂刷不到位或涂刷后较长时间才浇筑混凝土，易造成预制构件表面混凝土粘模而产生麻面等，见图10-5。

2）脱模剂涂刷过量或局部堆积，易造成预制构件表面混凝土麻面或局部疏松等，见图10-6。

图 10-5　混凝土粘模

图 10-6　混凝土疏松

3）脱模剂不洁净或涂刷脱模剂的刷子、抹布不干净，易造成预制构件混凝土表面脏污、色差等，见图10-7。

图10-7　混凝土表面脏污

10.2　缓凝剂涂刷

在模板表面涂刷缓凝剂是为了延缓预制构件与模板接触面混凝土的强度增长，以便于在预制构件脱模后对需要做成粗糙面的表面进行后期处理。

使用缓凝剂后，在预制构件蒸汽养护结束脱模后，用压力水冲刷需要做粗糙面的混凝土表面，通过灵活控制冲刷时间和缓凝剂的用量，可以控制粗糙面骨料外露的深浅。达到设计要求的混凝土粗糙面效果，应保证与后浇混凝土的黏结性也满足设计要求。

涂刷缓凝剂的方法操作简单，取代了原来烦琐的施工方法，对混凝土其他部位没有任何伤害，节省了大量的工作时间，降低工人劳动强度，消除了粉尘污染，节约了财力、物力，降低了成本。

1.　缓凝剂涂刷前模具的清理

涂刷缓凝剂前应对需要涂刷缓凝剂的模板表面仔细清理，去除残渣、浮灰、颗粒杂质等，确保模板表面干爽洁净。

2. 缓凝剂涂刷的相关要求及方法

1）用刷子或滚筒在需要涂刷缓凝剂的模板表面均匀涂刷一层缓凝剂，不得漏涂。

2）涂刷缓凝剂时，除了需要涂刷缓凝剂的部位外，缓凝剂不得沾染到其他部位。

3）等待缓凝剂自然风干，在模板上形成一层可溶于水的缓凝剂薄膜。

4）已涂刷缓凝剂的模具，必须在规定的有效时间内完成混凝土浇筑。

5）盛装缓凝剂的容器必须每天清洗，并不得与其他容器混用。

6）凡换用新品种、新工艺的缓凝剂时，需先做可行性试验，以求达到最佳使用效果。

3. 缓凝剂涂刷未按要求施工易发生的问题

缓凝剂涂刷不到位、涂刷后等待时间过长或缓凝剂用量过多都会造成预制构件表面质量问题，常见的问题有：

1）缓凝剂涂刷过量，高压水冲洗时造成预制构件表层砂浆过度流失，露骨料过深，见图10-8。

2）缓凝剂涂刷不足或涂刷后等待时间过长，造成预制构件表层砂浆难以冲掉，露骨料过浅，见图10-9。

图10-8　露骨料过深

图10-9　露骨料过浅

3）缓凝剂涂刷不均匀，导致预制构件表面露骨料不均匀，见图10-10。

图 10-10　露骨料不均匀

第11章 预制构件装饰面操作规程

为了使装配式混凝土建筑饰面美观而富有多样化的质感，减少现场装饰施工的工作量，较多的装配式混凝土建筑将预制构件设计成装饰面层一体化，在预制构件生产过程中就将装饰面层同步成型。本章介绍石材反打操作规程（11.1）、装饰面砖反打操作规程（11.2）、装饰混凝土面层操作规程（11.3）。

11.1 石材反打操作规程

石材反打全称"石材饰面水平浇筑反打成型"，是生产带石材饰面层预制构件最常用的方法，通过将石材预先反铺在模具内，然后在石材上面安装钢筋骨架和预埋件，最后浇筑混凝土，使石材与混凝土可靠地结合形成一个整体。

石材反打预制构件的主要操作流程为：

石材背涂（涂刷防渗碱处理剂）并挂好卡钩→模具内划线→石材铺设并校正位置→石材缝隙处理→钢筋骨架入模→安装预埋件→浇筑混凝土→养护→脱模→表面修饰、美化与保护→存放。

1. 石材反打施工前的准备

1）检查饰面石材的图案、分割、色彩、尺寸应符合设计文件的有关要求。饰面石材宜选用材质较为致密的花岗岩等石材，厚度不宜小于25mm。

2）饰面石材背面应按预制构件设计深化图标注的部位打好锚固卡钩孔。

3）对饰面石材预先做背涂处理，同时应挂好锚固卡钩，见图 11-1 和图 11-2；卡钩孔内应注胶，见图 11-3。锚固卡钩的材质和数量应满足以下要求：

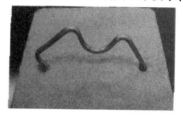

图 11-1　石材背面的锚固卡钩

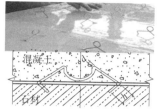

图 11-2　背涂完成并挂好锚固卡钩

①锚固卡钩材质宜选用 304 不锈钢及以上牌号，直径宜选用 4mm。

②饰面石材锚固卡钩每平方米使用数量应根据项目选用的锚固卡钩形式、石材品种、石材厚度做相应的拉拔及抗剪试验后由设计人员确定。

图 11-3　锚固卡钩孔内注胶

4）饰面石材铺贴之前应清理模具，并在底模上绘制安装控制线。

2. 石材铺设

1）石材入模铺设前，应根据石材排板图核对石材尺寸，拼色的还应核对颜色按控制线铺设石材。

2）石材与底模之间应设置橡胶垫或保护胶带，防止饰面污染。

3）从一角开始逐块铺贴，校正石材铺贴位置，采用双面胶或硅胶固定。门洞、窗口边铺贴时，应留意石材搭接处的上下位置。

4）石材铺设后表面应平整，接缝应顺直，接缝的宽度和深度应符合设计要求。石材铺贴的允许偏差应符合表11-1的规定。

表 11-1　外墙板石材铺贴的允许偏差

项目	允许偏差/mm	检验方法
表面平整度	2	2m 靠尺和塞尺检查
阳角方正	2	角尺检查
上口平直	2	拉线，钢直尺检查
接缝平直	3	钢直尺和塞尺检查
接缝深度	1	
接缝宽度	1	钢直尺检查

5）石材在铺设时应在石材间的缝隙中嵌入硬质橡胶条进行定位，且橡胶条厚度应与设计板缝一致。

6）在石材拼缝中嵌入圆形泡沫条，填实石材间的缝隙，并在石材拼缝上涂胶，见图11-4。

7）转角预制构件立面石材的固定方法为：如果只有一块石材的高度，可在石材顶部用卡钩将石材与模板固定（图11-5）；

图 11-4　石材拼缝注胶

如果需要多块石材叠高，则可在两块石材缝对应的模板上开一小孔，将一根铜丝对折后将开口端从内侧向外穿出，在内侧圆环中穿入一根细钢筋与石材缝垂直，在外侧拉紧铜丝并固定，逐缝、逐层往上安装，见图 11-6。

图 11-5　立面单块高度
石材固定

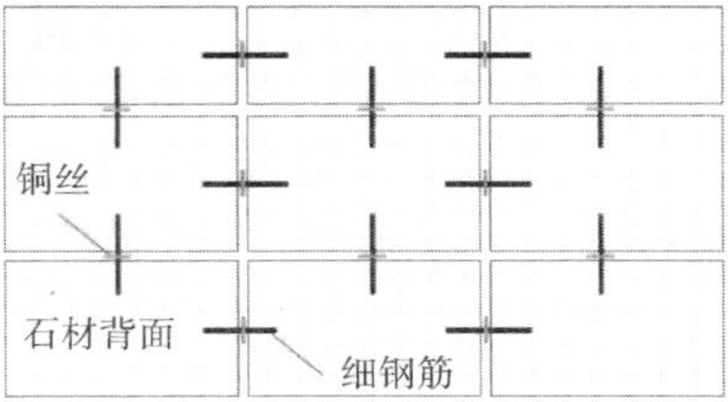

图 11-6　立面多块高度石材固定

3. 钢筋骨架入模及预埋件安装

1）按规定在预先绑扎好的钢筋骨架上装设保护层隔离垫块。

2）将钢筋骨架吊运并放进铺好石材的模具内，调整钢筋骨架在模具内的位置，调整好后，在四周侧模内侧均匀插入限位木块。

3）将石材背面锚固卡钩与钢筋骨架进行绑扎连接（图 11-7 和图 11-8），必要时可增加加强筋（图 11-9）。一般转角预制构件立面的石材不建议与钢筋骨架进行绑扎连接，因为立面混凝土振捣时极易引起钢筋骨架位移，如与石材连接就会造成石材移位。

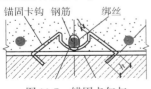

图 11-7　锚固卡勾与
钢筋骨架连接（一）

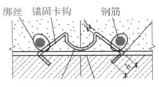

图 11-8　锚固卡勾与
钢筋骨架连接（二）

4）按预制构件图的要求安装预
埋件、加强筋及预埋的门、窗等。

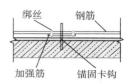

图 11-9 锚固卡钩与
钢筋骨架连接（三）

4. 浇筑混凝土及脱模作业要点

1）混凝土一定要均匀放入模具
内并及时摊铺平整，不得局部堆积，
边角处缺料要补足，以免造成石材碎
裂、不平或边角密实度差。

2）振捣时应控制振捣棒插入深度，振捣棒严禁接触石
材背面。

3）振捣过程中振捣棒尽量避免碰触钢筋骨架，严禁撬
动钢筋骨架，以免造成石材移位。

4）立面铺设石材的，振捣时应控制振捣棒插入点距石
材背面 100mm 左右，且应防止顶部的石材固定卡钩掉落。

5）按要求抹压成型面，刮净石材侧边外露面上的水
泥浆。

6）当与预制构件同条件养护的试块强度达到脱模所需
的强度后预制构件方可脱模。

7）小心拆卸模具，避免模具、工具损伤石材表面或
边角。

8）预制构件起吊前，在确认所有吊索均匀受力后上升
吊钩使吊索处于绷紧状态，再次检查吊索受力状态且起重机
吊钩应垂直于预制构件中心。

9）将预制构件吊离模台，预制构件脱离模台时不得停
顿，防止碰坏石材边角。

5. 表面修饰、美化与保护

1）清除石材侧面沾染的水泥浆。

2）剔净石材拼缝中的泥浆、渣子等，清净石材拼缝中

的泡沫棒等填充物。

3）石材拼口有少量参差不齐的，可轻度打磨平整。

4）石材缺角、破损等需要修补或更换时，应采用专用的材料，并对接缝进行修整，保证与原来接缝的外观质量一致。

5）成品预制构件入库前，应在饰面石材表面贴上保护膜，见图11-10。

图11-10 饰面石材贴保护膜

6. 石材反打注意事项

1）石材搬运、存放、施工时不得沾染油污或其他污渍。

2）石材应轻拿轻放，避免磕碰损坏。

3）石材背涂时应涂布均匀，不得漏涂。

4）挂钩应粘结牢固后方可进行下道工序作业。

5）铺贴时发现个别石材存在少量尺寸偏差时，可对周边的石材位置进行微调。

6）调整石材缝隙时，禁止使用金属工具，防止石材掉角、碎裂。

7）钢筋骨架入模时应小心轻放，避免损坏石材。

8）钢筋骨架在模具内移动调整位置时，应将骨架整个吊起，不得拖移，防止石材移位。

9）当个别挂钩与骨架钢筋位置冲突影响安装时，可适当调整钢筋位置以避开。

10）混凝土振捣时，振捣棒顶端不得碰触石材，一般振捣棒顶端距石材50mm为宜。

11）脱模起吊时，同组吊索的配置应保证预制构件在与模台面平行的状态下脱离模台。

12）预制构件临时放置或入库存放时，预制构件与搁支点之间应放白色橡胶板，防止污染石材表面或损坏石材。

13）入库存放的预制构件，石材表面应贴保护膜。

11.2 装饰面砖反打操作规程

装饰面砖反打全称"装饰面砖水平浇筑反打成型"，是生产带装饰面砖预制构件的最常用方法，通过将装饰面砖预先反铺在模具内，然后在装饰面砖上面安装钢筋骨架和预埋件，最后浇筑混凝土，使装饰面砖与混凝土可靠地结合形成一个整体。

装饰面砖反打预制构件的主要操作流程为：

装饰面砖预制作→模具内划线→装饰面砖铺设并校正位置→钢筋骨架入模→安装预埋件→浇筑混凝土→养护→脱模→表面修饰、美化与保护→存放。

1. 装饰面砖反打施工前的准备

1）装饰面砖预制作，将多块装饰面砖制作成预先设定尺寸的集成块（如300mm×600mm），具体做法如下：

根据设计要求的图案、色彩等将装饰面砖正面朝上逐块嵌入预定尺寸模具内，面砖之间嵌入定尺寸的5mm海绵条，然后在面砖表面粘贴专用胶带，用刷子、刮板排除气泡并压平整，使粘贴牢固，见图 11-11。

图 11-11　装饰面砖预制作

2）装饰面砖集成块铺贴之前应清理模具，在底模上绘制安装控制线并沿控制线贴上胶带，见图 11-12。

2. 装饰面砖铺设

1）装饰面砖集成块入模铺设前，应根据面砖排砖图核对面砖图案、色彩、方向等，并按控制线铺设。

2）将装饰面砖集成块粘贴胶带的面朝下平铺在模台上。

根据控制线贴好的胶带

图 11-12　装饰面砖铺设前准备

3）从一角开始逐块铺贴，侧模边、门洞、窗洞边铺贴时，可裁剪成合适的尺寸再铺贴。

4）装饰面砖集成块在模具内铺设完成后应反复仔细调整拼缝宽度，确保拼缝宽度均匀一致且接缝顺直。

5）从一角开始，逐块掀起一角，撕去模台上胶带表面的保护纸，将装饰面砖集成块粘贴固定在模台上，直至整个模具内的面砖全部粘贴完成。

6）观察并仔细微调装饰面砖集成块，使面砖表面平整，接缝顺直，接缝宽度均匀一致，见图11-13。

图 11-13　装饰面砖铺设及调整

7）装饰面砖铺贴的允许偏差与石材铺贴的要求相同，可参见表 11-1。

3. 钢筋骨架入模及预埋件安装

1）按规定在预先绑扎好的钢筋骨架上装设保护层隔离垫块。

2）将钢筋骨架吊运并放进铺好装饰面砖的模具内，调整钢筋骨架在模具内的位置，调整好后在四周侧模内侧均匀插入限位木块，见图11-14。

3）按预制构件图的要求安装预埋件、加强筋及预埋的门、窗等，见图11-15。

图 11-14　钢筋骨架入模

图 11-15　安装窗框

4. 浇筑混凝土及脱模作业要点

浇筑混凝土作业参见本章 11.1 节中的"4. 浇筑混凝土及脱模作业要点"。

5. 表面修饰、美化与保护

1）将预制构件吊运至翻转场地翻转后撕去面砖表面的胶带，用刀片和细小扁铲去除面砖缝中的海绵条。

2）用高压水抢冲洗面砖表面和拼缝，将残留的海绵条残渣冲洗干净，必要时可配合刀片和刮刀刮除，见图 11-16。

图 11-16　饰面砖清洗

3）清除面砖侧面和边缘沾染的水泥浆。

4）面砖拼口有少量参差不齐的，可轻度打磨平整。

5）面砖轻微缺角，可采用专用修补材料修补后再做表面配色处理，保证与原面砖的外观质量一致。

6）面砖有偏斜、移位、碎裂等，应凿除后换贴相同的新面砖。

7）成品预制构件入库前，应在装饰面砖表面贴上保护膜。

6. 装饰面砖反打注意事项

1）装饰面砖搬运、存放、施工时，不得沾染油污或其他污渍。

2）装饰面砖应轻拿轻放，避免磕碰损坏。

3）模具内铺贴面砖时，宜穿着干净的软底布鞋，防止踩踏损坏面砖。

4）调整面砖缝隙时，用力要均匀适当，使用的金属工具边角应打磨光滑，防止面砖掉角、碎裂。

5）钢筋骨架入模时应小心轻放，避免损坏面砖。

6）钢筋骨架在模具内移动调整位置时，应将骨架整个吊起，不得拖移，防止面砖移位。

7）混凝土振捣时，振捣棒顶端不得碰触面砖，一般振捣棒顶端距面砖 50mm 为宜。

8）脱模起吊时，同组吊索配置时应保证预制构件在与平台面平行的状态下脱离模台。

9）预制构件临时放置或入库存放时，装饰面砖表面与搁支点之间应放塑料粒子或白色橡胶板，防止污染或损坏面砖。

10）入库存放的预制构件，装饰面砖表面应贴保护膜。

11.3 装饰混凝土面层操作规程

装饰混凝土预制构件通常有三种类型：第一种是清水混凝土预制构件，与普通混凝土预制构件制作方法一样，只是通过材料、模板等更精细来实现表面效果；第二种是整个结构材料包括装饰面层材料是一体的装饰混凝土预制构件，材料包括白水泥、石英砂、颜料等，材料造价较高，但制作比较简单；第三种是结构层与装饰面层材料不同的装饰混凝土预制构件，结构层采用普通混凝土材料，装饰面层采用装饰混凝土材料。本节主要介绍第三种，即结构层与装饰面层采用不同材料的装饰混凝土预制构件。

结构层与装饰面层采用不同材料的装饰混凝土预制构件制作的主要操作流程为：

侧模、内模安装→拌制装饰混凝土面层浆料→喷涂装饰混凝土面层浆料→装饰混凝土面层浆料整平→钢筋骨架入模→安装预埋件→浇筑结构层混凝土→养护→脱模→表面修饰、美化与保护→存放。

1. 装饰混凝土面层铺设前的准备

1）装饰混凝土面层铺设前，模具需按要求组装并验收完毕，模具内清理干净。

2）调试喷浆设备，同时在模具上搭设施工跳板。

3）钢筋骨架、预埋件等准备就绪。

4）搅拌设备试机正常，开始装饰混凝土面层浆料搅拌。

5）装饰混凝土面层浆料的配合比必须单独设计，按照配合比要求单独搅拌，材料（特别是颜料）计量要准确。

2. 装饰混凝土面层铺设

1）细骨料装饰混凝土面层的铺设通常采用喷射的方式；粗骨料装饰混凝土面层可采用抹压方式。

2）正式喷射前，宜先在模具内角人工填涂适量浆料。

3）从一端开始顺序连续喷射，通过调整喷枪移动速度来控制浆料层厚度，确保符合设计要求。

4）装饰混凝土面层浆料厚度要满足设计要求，不宜小于10mm，以避免结构层混凝土透出。

图 11-17　装饰面层浆料边角处理

5）装饰混凝土面层浆料厚度铺设要均匀，喷射完成后，应适当整平浆料层表面，边角部位有不到位的，也应进行处理，见图11-17。

3. 钢筋骨架入模及预埋件安装

1）将钢筋骨架平稳吊入模具内，下降至离装饰混凝土面层10~15mm时停稳。动作要轻柔，防止破坏装饰混凝土面层浆料。

2）在模具上面安装悬吊架，悬吊架的支腿应固定在模具外模台上或侧模顶面。

3）将模具内钢筋骨架吊挂在悬吊架上，确保钢筋骨架与装饰混凝土面层浆料之间不小于15mm，可靠固定后撤去吊装钢筋骨架的吊钩。

4）如采用保护层垫块架起钢筋骨架，应适当增加垫块部位的面层厚度或采取其他有效措施防止垫块破坏装饰混凝土面层浆料。垫块宜预先装设在钢筋骨架上。

5）根据预制构件图安装其他的预埋件，安装预埋件宜先装体积大的，后装体积小的，安装时应避免破坏装饰混凝土面层浆料。预埋件宜固定在侧模、内模或固定好的工装架上，安装应牢固、可靠。

4. 混凝土浇筑、收面、养护

1）必须在装饰混凝土面层浆料初凝前浇筑结构层混凝土。装饰混凝土面层浆料初凝后，浇筑结构层混凝土会导致与装饰混凝土面层脱层。为此，装饰混凝土面层铺设前，结构层钢筋骨架、混凝土等其他所有的工序要预先准备好，以减少作业时间，保证作业连续。

2）结构层混凝土浇筑、收面、养护、脱模等作业与常规预制构件相同，这里不做赘述。

5. 表面修饰、美化与保护

1）有局部缺损、掉角的，应使用与装饰混凝土面层相同配合比的浆料填补平整，待修补部位强度达到脱模强度后，再按表面处理工艺对修补部位重新进行处理，特别要处理好修补结合部位的过渡。

2）对表面存在局部色差的部位进行配色修正。

3）应对装饰混凝土面层进行有效防护，避免装饰面层污染或磕碰损坏。

4）存放或运输时，底部垫块应垫在结构层的混凝土表面，不要使装饰混凝土面层受力。上部垫靠位置宜包裹透明塑料纸，防止损坏装饰混凝土面层。

5）预制构件平叠存放或运输时，支点部位应做好防护，用透明塑料纸包裹垫块或在垫块与预制构件接触面加垫橡胶片。

6. 装饰混凝土面层作业注意事项

1）喷射前，应在模具的边角部位预先用喷射浆料手工填浆，避免喷射时边角不到位而缺料。

2）喷射前，应在模面上搭设移动跳板，在跳板上进行喷射作业。

3）喷射装饰混凝土面层宜采用"Z"字形路线来回喷射，喷枪的移动速度应匀速稳定。通过测量装饰混凝土面层浆料厚度来调整喷枪的移动速度。

4）装饰混凝土面层喷射完毕，应及时整平并进行后续工序作业。

5）钢筋骨架入模及安装预埋件时应避免破坏装饰混凝土面层浆料。

6）浇筑结构层混凝土时，振捣棒不得破坏装饰混凝土面层浆料。

第12章 预制构件钢筋、套筒、预埋件、预埋物入模

钢筋、套筒、预埋件、预埋物入模是预制构件生产过程中的重要环节，也是预制构件生产中隐蔽工程作业的主要内容。本章介绍钢筋、套筒、预埋件入模操作规程（12.1），钢筋间隔件作业要求（12.2），预埋物入模操作规程（12.3），预埋件、预埋物安装时发生冲突的处理（12.4）。有关钢筋材料和加工的内容，在本套丛书的《钢筋加工》一书中有详细介绍，此处不再赘述。

12.1 钢筋、套筒、预埋件入模操作规程

12.1.1 钢筋入模操作规程

钢筋入模分为钢筋骨架整体入模（图12-1）和钢筋半成品模具内绑扎（图12-2）两种方式。具体采用哪种方式，应根据钢筋作业区面积、预制构件类型、制作工艺要求等因素确定。一般钢筋绑扎区面积较大，钢筋骨架堆放位置充足、

图12-1 钢筋骨架整体入模

图12-2 钢筋半成品模具内绑扎

预制构件无伸出钢筋或伸出钢筋少且工艺允许钢筋骨架整体入模的，应采用钢筋骨架整体入模方式，否则，应采用模具内绑扎的方式。钢筋模具内绑扎会延长整个工艺流程时间，所以条件允许的情况下应尽可能采用模外绑扎整体入模的方式，特别是流水线生产工艺更是如此。

1. 钢筋骨架整体入模操作规程

1）钢筋骨架应绑扎牢固，防止吊运入模时变形或散架。

2）钢筋骨架整体吊运时，宜采用吊架多点水平吊运（图12-3），避免单点斜拉导致骨架变形。

3）钢筋骨架吊运至工位上方，宜平稳、缓慢下降至距模具最高处300～500mm。

4）2名工人扶稳骨架并调整好方向后，缓慢下降吊钩，使钢筋骨架落入模具内，见图12-4。

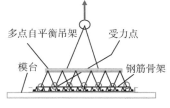

图12-3　吊架多点水平吊运　　　　图12-4　钢筋骨架入模

5）撤去吊具后，根据需要对钢筋骨架位置进行微调。

6）在模具内绑扎必要的辅筋、加强筋等。

2. 钢筋半成品模具内绑扎操作规程

1）将需要的钢筋半成品运送至作业工位。

2）在主筋或纵筋上测量并标示分布筋、箍筋位置。

3）根据预制构件配筋图，将半成品钢筋按顺序排布于模具内，确保各类钢筋位置正确。

4）2名工人在模具两侧根据主筋或纵筋上的标示绑扎分布筋或箍筋（图12-5）。

5）单层网片宜先绑四周再绑中间，绑中间时应在模具上搭设挑架；双层网片宜先绑底层再绑面层。

6）面层网片应满绑，底层网片可四周两档满绑，中间间隔呈梅花状绑扎，但不得存在相邻两道未绑的现象。

7）架起钢筋应绑扎牢固，不得松动、倾斜。

图 12-5　绑扎带套筒的钢筋骨架

8）绑丝头宜顺钢筋紧贴，双层网片钢筋头可朝向网片内侧。

9）绑扎完成后，应清理模具内杂物、断绑丝等。

12.1.2　套筒入模操作规程

套筒可以随钢筋骨架整体入模，也可以单独入模安装。

1. 套筒随钢筋骨架整体入模操作规程

1）绑扎带套筒的钢筋骨架应有专用的绑扎工位和套筒定位端板，见图12-5。

2）按要求绑扎钢筋骨架，套筒端部应在端板上定位，套筒角度应确保与模具垂直。伸入全灌浆套筒的钢筋，应插入到套筒中心挡片处，见第3章图3-3；钢筋与套筒之间的橡胶圈应安装紧密，见图12-6。半灌浆套筒应预先将已辊轧螺纹的连接钢筋与套筒螺纹端按要求拧紧后再绑扎钢筋骨架。

对连接钢筋需提前检查镦粗、剥肋、滚轧螺纹的质量，避免未镦粗直接滚轧螺纹削减了钢筋断面。

3）拆除定位挡板后，将整个钢筋骨架吊运至模具工位。

图 12-6　橡胶圈安装

4）2 名工人扶稳骨架并调整好方向后，缓慢下降吊钩，使钢筋骨架落入模具内。

5）适当调整钢筋骨架位置，根据工艺要求将套筒与模具进行连接安装。

2. 全灌浆套筒单独入模操作规程

1）将套筒一端牢固安装在端部模板上，套筒角度应确保与模板垂直。

2）从对面模板穿入连接的钢筋，套入需要安装的箍筋或装入其他钢筋，并调整其与模具内其他钢筋的相对位置。

3）在钢筋穿入的一端套入橡胶圈，橡胶圈距钢筋端头的距离应大于套筒长度的 1/2。

4）将钢筋端头伸入套筒内，直至接触套筒中心挡片。

5）调整钢筋上的橡胶圈，使其紧扣在套筒与钢筋的空隙处，扣紧后橡胶圈应与套筒端面齐平。

6）将连接套筒的钢筋与模具内其他相关的钢筋绑扎牢固。

7）套筒与钢筋连接的一端宜与箍筋绑扎牢固，防止后续作业时松动。

3. 预埋波纹管或预留盲孔的操作要点

有些预制构件会采用预埋波纹管或预留盲孔的形式，以方便现场后期的结构连接和安装，如莲藕梁的莲藕段（图12-7）、凸窗的窗下墙等，在作业时应特别注意以下几点：

1）应采用专用的定位模具对波纹管或螺纹盲管进行定位。

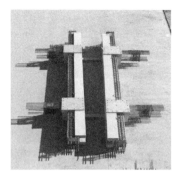

图12-7　双莲藕梁

2）定位模具安装应牢固可靠，不得移位或变形，应有防止定位垂直度变化的措施。

3）宜先安装定位模具、波纹管和螺纹盲管再绑扎钢筋，避免钢筋绑扎后造成波纹管和螺纹盲管安装困难。

4）波纹管外端宜从模板定位孔穿出并固定好，内端应有效固定，做好密封措施，避免浇筑时混凝土进入。螺纹盲管上应涂好脱模剂。

12.1.3　预埋件入模操作规程

预埋件通常是指吊点、结构安装或安装辅助用的金属件等。较大的预埋件应先于钢筋骨架入模或与钢筋骨架一起入模，其他预埋件一般在最后入模，预埋件入模应按下列要求进行操作：

1）预埋件安装前应核对类型、品种、规格、数量等，不得错装或漏装。

2）应根据工艺要求和预埋件的安装方向正确安装预埋

件，倒扣在模台上的预埋件应在模台上设定位杆，安装在侧模上的预埋件应用螺栓固定在侧模上（图12-8），在预制构件浇筑面上的预埋件应采用工装挑架固定安装（图12-9）。

图12-8　预埋件固定在侧模上　　图12-9　预埋件固定在挑架上

3）安装预埋件一般宜遵循先主后次、先大后小的原则，见图12-10和图12-11。

图12-10　先安装较大的预埋件　　图12-11　后安装较小的预埋件

4）预埋件安装应牢固且须防止位移，安装的水平位置和垂直位置应满足设计及规范要求。

5）底部带孔的预埋件，安装后应在孔中穿入规格合适的加强筋，加强筋的长度应在预埋件两端各露出不少于150mm，并防止加强筋在孔内左右移动，见图12-12。

6）预埋件应逐个安装完成后再一次性紧固到位，见图12-13。

图 12-12 预埋件底部穿加强筋　　　图 12-13 一次性紧固预埋件

7）防雷引下线（常称为避雷扁铁）应采用热镀锌扁铁，安装时应按设计和规范要求与预制构件主筋有效焊接，并与门窗框的金属部位有效连接，其冲击接地电阻不宜大于10Ω。

12.2 钢筋间隔件作业要求

钢筋入模完成后，应进行安装钢筋间隔件作业。安装钢筋间隔件的目的是确保钢筋的混凝土保护层厚度符合设计要求，使预制构件的耐久性能达到结构设计的年限要求。

钢筋间隔件作业要求如下：

1）根据需要，选择种类、材质、规格合适的钢筋间隔件，常用的间隔件有水泥间隔件（图 12-14）和塑料间隔件（图 12-15）。

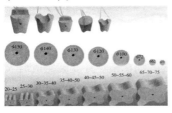 

图 12-14 水泥块间隔件　　　　图 12-15 塑料间隔件

2）钢筋间隔件应根据制作工艺要求在钢筋骨架入模前或入模后安装，可以绑扎（图12-16）或卡在钢筋上（图12-17）。

图 12-16 间隔件绑扎在钢筋上

圆形塑料垫块

图 12-17 间隔件卡在钢筋上

3）间隔件的数量，应根据配筋密度、主筋规格、作业要求等综合考虑，一般每平方米范围内不宜少于 9 个，见图12-18。

4）在混凝土下料位置，宜加密布置间隔件，在钢筋骨架悬吊部位可适当减少间隔件。

图 12-18 钢筋间隔件布置

5）钢筋间隔件应垫实并绑扎牢固。

6）倾斜、变形、断裂的间隔件应更换。

12.3 预埋物入模操作规程

预埋物通常是指门窗、线盒线管等。门窗一般在钢筋骨架入模前进行入模安装，线盒线管则在预埋件安装完成后入模安装。

1. 门窗入模操作规程

门窗入模作业详见第 9 章 9.1.2。

2. 线盒线管入模操作规程

1）预处理线盒线管：线盒内塞入泡沫（图 12-19），线管按需要进行弯管后用胶带封头（图 12-20）。

图 12-19　线盒中塞入泡沫

图 12-20　线管端头封堵

2）按要求将线盒固定在底模或固定的工装架上，常用的线盒固定方式有压顶式（图 12-21）、芯模固定式（图12-22）、绑扎固定式（图 12-23）、磁吸固定式（图12-24）等。

图 12-21　压顶式

图 12-22　芯模固定式

图 12-23　绑扎固定式

图 12-24　磁吸固定式

3）按需要打开线盒侧面的穿管孔，安装好锁扣后，将线管一头伸入锁扣与线盒连接牢固，线管的另一头伸入另一个线盒或者伸出模具外，伸出模具外的线管应注意保护，防止从根部折断，见图12-25。

图 12-25　线管伸出端头封堵

4）将线管中部与钢筋骨架进行绑扎固定，见图12-26。

图 12-26　线管中部绑扎

12.4　预埋件、预埋物安装时发生冲突的处理

在预埋件、预埋物安装时，相互之间或与钢筋之间有时会发生冲突而造成无法安装或虽然能安装但因间距过小而影响后期混凝土作业的情况，碰到这样的情况时，一般可按如下方法处理：

1）预埋件、预埋物与非主筋发生冲突时，一般适当调整钢筋的位置或对钢筋发生冲突的部位进行弯折，避开预埋件或预埋物，见图12-27和图12-28。

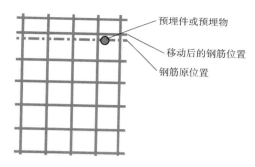

图 12-27　非主筋移位避让

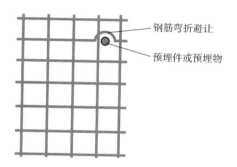

图 12-28　非主筋弯折避让

2）预埋件、预埋物与主筋发生冲突，可弯折主筋避让（图 12-28），或联系设计单位给出方案。

3）当预埋件与预埋物发生冲突时，应联系设计单位给出方案。

4）当预埋件、预埋物安装后造成相互之间或与钢筋之间间距过小，可能影响混凝土流动或包裹时，应联系设计单位给出方案。

第13章 预制构件隐蔽工程验收

预制构件制作在工程隐蔽前，须按要求对隐蔽项目进行验收。本章介绍隐蔽工程验收内容（13.1）、隐蔽工程验收程序（13.2）和隐蔽工程验收记录（13.3）。

13.1 隐蔽工程验收内容

隐蔽工程验收主要包括饰面、钢筋、模具、预埋物、预埋件（预留孔洞）、套筒及金属波纹管等内容。

1. 饰面验收内容

1）饰面材料品种、规格、颜色、尺寸、间距、拼缝。

2）铺贴的方式、图案、平整度。

3）是否有倾斜、翘曲、裂纹。

4）需要背涂的饰面材料的背涂质量，带卡钩的饰面材料的卡钩安装质量。

2. 钢筋验收内容

1）钢筋的品种、等级、规格、长度、数量、布筋间距。

2）钢筋的弯心直径、弯曲角度、平直段长度。

3）每个钢筋交叉点均应绑扎牢固，绑扣宜八字开，绑丝头应平贴钢筋或朝向钢筋骨架内侧。

4）拉钩、马凳或架起钢筋应按规定的间距和形式布置，并绑扎牢固。

5）钢筋骨架的钢筋保护层厚度，保护层垫块的布置形式、数量。

6）伸出钢筋的伸出位置、伸出长度、伸出方向，定位措施是否可靠。

7）钢筋端头为预制螺纹的，螺纹的螺距、长度、牙形，保护措施是否可靠。

8）露出混凝土外部的钢筋宜设置遮盖物。

9）钢筋的连接方式、连接质量、接头数量和位置。

10）加强筋的布置形式、数量状态。

钢筋验收实例见图13-1。

图13-1　钢筋验收

3. 模具验收内容

1）模具组装后的外形尺寸及状态，垂直面的垂直度。

2）组装模具的螺栓、定位销数量及安装状态。

3）模具接合面的间隙及漏浆处理。

4）模具内清理是否干净整洁。

5）脱模剂、缓凝剂涂刷情况。

6）模具是否有脱焊或变形，与混凝土接触面是否有较明显的凹坑、凸块、锈斑等。

7）模具作业操作面、装配面是否平整、整洁。

8）工装架是否有变形，安装是否牢固、可靠，清洁是否到位。

9）伸出钢筋孔洞的止浆措施是否有效、可靠。

模具验收实例见图13-2。

4. **预埋物验收内容**

1）预埋物的品种、型号、规格、数量。

2）预埋物的空间位置、方向。

3）预埋物的安装方式，安装是否牢固、可靠。

4）预埋物保护措施是否有效、可靠。

5）预埋物上的配套件是否齐全并处于有效的状态（如窗框的锚固脚片是否拉开、避雷线是否可靠连接）。

6）预埋物与模具、其他预埋物等的连接是否牢固、可靠。

7）是否有防止混凝土漏浆的措施。

8）是否有预埋物紧贴钢筋影响混凝土握裹钢筋。

预埋物验收实例见图13-3。

图13-2 模具验收

图13-3 窗框验收

5. **预埋件（预留孔洞）验收内容**

1）预埋件的品种、型号、规格、数量，成排预埋件的间距。

2）预埋件有无明显变形、损坏，螺纹、丝扣有无损坏。

3）预埋件的空间位置、安装方向。

4）预留孔洞的位置、尺寸、垂直度，固定方式是否可靠。

5）预埋件的安装形式，安装是否牢固、可靠。

6）垫片、龙眼等配件是否已安装。

7）预埋件上是否存在油脂、锈蚀。

8）预埋件底部及预留孔洞周边的加强筋规格、长度，加强筋固定是否牢固可靠。

9）预埋件与钢筋、模具的连接是否牢固、可靠。

10）橡胶圈、密封圈等是否安装到位。

预埋件（预留孔洞）验收实例见图13-4。

图13-4　预埋件验收

6. 套筒验收内容

套筒验收是预制构件隐蔽工程验收中一项十分重要的内容，在进行套筒验收时，应验收下列内容：

1）套筒的品牌、规格、类型和中心线位置。

2）套筒远模板端与钢筋的连接形式是否牢固、可靠。半灌浆套筒应检查螺纹接头外露螺纹的牙数及形状，全灌浆套筒应检查钢筋伸入套筒的长度和端口密封圈的安装情况。

3）套筒应垂直于模板安装，与所连接的钢筋在同一中心线上。

4）套筒的固定方式及安装的牢固程度和密封性能。

5）套筒灌浆孔和出浆孔的位置及与灌浆导管和出浆导管的连接和通畅情况。

套筒验收实例见图 13-5。

图 13-5　套筒验收

7. 波纹管验收内容

1）波纹管应安装牢固、可靠。

2）波纹管的螺旋焊缝不得有开焊、裂纹等，管壁不得破损，特别注意电焊、气割时不得损伤管壁。

3）波纹管内端口插入钢筋后，端口部位应密封良好。

4）预埋的波纹管长度较长时，应在中部增加固定点，可采用绑扎固定或用 U 形筋卡位固定，固定应牢固、可靠。

波纹管验收实例见图 13-6。

图 13-6　波纹管验收

13.2　隐蔽工程验收程序

隐蔽工程应在混凝土浇筑之前由驻厂监理工程师及专业质检人员进行验收，未经隐蔽工程验收不得浇筑混凝土。隐蔽工程验收程序见图 13-7。

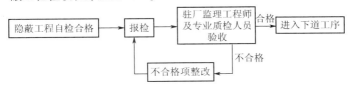

图 13-7　隐蔽工程验收程序

1. 隐蔽工程自检
作业班组对完成的隐蔽工程进行自检，认为所有项目合格后在隐蔽工程质量管理表（表 13-1）上签字。

2. 报检
作业班组负责人应将报检的预制构件型号、模台号、作业班组等信息告知驻厂监理工程师及专业质检人员。

3. 驻厂监理工程师及专业质检人员验收
驻厂监理工程师及专业质检人员根据报检信息按本章 13.1 节中的验收内容和相关要求及时验收。

4. 不合格项整改
验收如果存在不合格项，应进行整改，整改后再次进行验收，直至合格。

5. 进入下道工序
验收合格后可进入下道工序。

表 13-1　隐蔽工程质量管理表

序号	项目名称	构件型号	生产日期	钢筋绑扎		模具清理		饰面铺设		钢筋入模		预埋件安装		加强筋绑扎		预埋套筒/波纹管安装		预埋物		预留孔洞		保护层确认	
				操作员	检验员	操作员	检验员	操作员	检验员	操作员	检验员	操作员	检验员	操作员	检验员	操作员	检验员	操作员	检验员	操作员	检验员	操作员	检验员
1																							
2																							
3																							
4																							
5																							
6																							
7																							
8																							
9																							
10																							
11																							
12																							
13																							
14																							
15																							
16																							
17																							
18																							
19																							
20																							

13.3 隐蔽工程验收记录

专业质检人员应根据验收的最终结果做好验收记录，验收记录包括隐蔽工程验收表（表13-2）和预制构件制作过程检测表（参照上海地方标准中的表式，表13-3），同时应保留隐蔽工程验收的影像资料。需要强调，影像资料是验收记录的重要组成部分，在隐蔽工程验收时，除应保留整体验收影像资料外，关键部位应有特写的影像资料。

表 13-2　隐蔽工程验收表

	检查项目	判定	
隐蔽工程验收表	1. 模台面清扫	合格	不合格
	2. 模具尺寸及安装状态	合格	不合格
	3. 饰面弹线尺寸	合格	不合格
	4. 石材或装饰面砖种类及颜色	合格	不合格
	5. 装饰面砖集成块加工状态	合格	不合格
	6. 石材或装饰面砖缝宽度及深度	合格	不合格
	7. 石材或装饰面砖铺设后有无表面起伏	合格	不合格
	8. 脱模剂、缓凝剂涂刷状态	合格	不合格
	9. 钢筋骨架与翻样图一致	合格	不合格
	10. 钢筋保护层状态（包括扎丝）	合格	不合格
	11. 钢筋绑扎状态（包括加强筋）	合格	不合格
	12. 保护层垫块数量	合格	不合格
	13. 预埋件种类、数量、安装位置	合格	不合格
	14. 套筒、盲孔、波纹管种类、数量、安装位置	合格	不合格
	15. 预埋件的固定状态	合格	不合格
	16. 叠合筋的焊接状态	合格	不合格
	17. 预埋门窗的安装状态	合格	不合格
	18. 防雷引下线的安装状态	合格	不合格
	检查者（签名）：		

预制构件编号：

表 13-3 预制构件制作过程检测表

序号	检测部位	检测项目及结果（合格√；不合格×）	检测方法及要求	检测结果（合格/需整改）	检测人员
1	模具	□长度；□截面尺寸；□对角线差；□侧向弯曲；□翘曲；□底模表面平整度；□组装缝隙；□端模与侧模高低差	参见上海市现行地方标准《装配整体式混凝土结构预制构件制作与质量检验规程》DGJ 08—2069		
2	面砖、石材	□面砖颜色；□表面平整度；□阳角方正；□上口平直；□接缝平直；□接缝深度；□接缝宽度			
3	钢筋制品	钢筋网片 □长、宽；□网眼尺寸			
		钢筋骨架 □长、□宽、高			
		受力钢筋 □间距；□排距；□保护层			
		□钢筋、横向钢筋间距			
		□钢筋弯起点位置			

176

序号	检测部位	检测项目及结果 （合格—√;不合格—×）		检测方法及要求	检测结果 （合格/需整改）	检测人员
4	预埋件和预留孔洞	预埋钢筋锚固板	□中心线位置;□安装平整度	参见上海市现行地方标准《装配整体式混凝土结构预制构件制作与质量检验规程》DGJ 08—2069		
		预埋管、预留孔	□中心线位置;□孔尺寸			
		门窗口	□中心线位置;□宽度、高度			
		插筋	□中心线位置;□外露长度			
		预埋吊环	□中心线位置;□外露长度			
		预留洞	□中心线位置;□尺寸			
		预埋螺栓	□螺栓中心线位置;□螺栓外露长度			
		钢筋套筒	□中心线位置;□平整度			
5	门窗		□窗框方向;□锚固脚片;□门窗框位置;□门窗框高、宽;□门窗框对角线;□门窗框的平整度			

（续）

整改内容	检验结论
	质检员：
	年 月 日

第 14 章　预制构件混凝土试配、搅拌与运送

本章介绍混凝土试配要求（14.1）、混凝土搅拌操作要点（14.2）、搅拌计量系统检查（14.3）、坍落度检测与问题对策（14.4）和混凝土运送方式（14.5）。

14.1　混凝土试配要求

预制构件多使用自拌混凝土，自拌混凝土不需要较长的初凝时间，但应考虑预制构件的制作工艺特点及要求，比如要有良好的和易性、初凝时间要合理（一般初凝时间为 1～3h）、脱模强度不低于 15MPa 等。因此预制构件的混凝土配合比设计除了要保证 28d 强度、耐久性要求外，从制作工艺的特点出发，会有其特殊的试配要求，配置时要有一定的富裕系数，配制强度要大于预制构件设计强度。

1. 国家标准规定

国家标准《装标》第 9.6.2 条规定混凝土工作性能指标应根据预制构件产品特点和生产工艺确定，混凝土配合比设计应符合国家现行标准《普通混凝土配合比设计规程》JGJ 55 和《混凝土结构工程施工规范》GB 50666 的有关规定，主要包括以下内容：

1）配合比设计要满足混凝土配制强度及其他力学性能、拌合物性能、长期性能和耐久性能的设计要求。

2）配合比设计应采用项目上实际使用的原材料，所采用的细骨料含水率应小于 0.5%，粗骨料含水率应小于 0.2%。

3）混凝土的最大水胶比应符合现行国家标准《混凝土结构设计规范》GB 50010 中 3.5.3 条的规定，见表 14-1。

4）矿物掺合料在混凝土中的掺量应通过试验确定。

表 14-1　结构混凝土材料的耐久性基本要求

环境等级	最大水胶比	最低强度等级	最大氯离子含量（%）	最大碱含量（kg/m³）
一	0.60	C20	0.30	不限制
二 a	0.55	C25	0.20	
二 b	0.50（0.55）	C30（C25）	0.15	3.0
三 a	0.45（0.50）	C35（C30）	0.15	
三 b	0.40	C40	0.10	

注：素混凝土构件的水胶比及最低强度等级的要求可适当放松。

2. 其他相关要求

除以上国家标准的规定外，还要注意以下要点：

1）生产预制构件用的自拌混凝土不宜套用商品混凝土配方，也不宜直接购买普通商品混凝土来生产预制构件。

2）预制构件混凝土坍落度控制要考虑配筋、钢筋套筒、预埋件的密集程度等因素，有些预制构件钢筋、钢筋套筒、预埋件比较密集，混凝土需要有更好的流动性，所以坍落度应当比浇筑大体积混凝土用的坍落度大一些。设计的坍落度较大时应保证混凝土的和易性，确保不离析，并具有良好的操作性能。

3）混凝土配合比设计时要考虑混凝土的保塑性，初凝时间要满足制作工艺的要求。

14.2 混凝土搅拌

1. 混凝土搅拌操作要点

1）混凝土搅拌设备应采用具有自动计量装置、生产数据有逐盘记录和实施查询功能的强制式搅拌机。

2）混凝土应按照试验室签发的混凝土配合比通知单进行生产，原材料每盘称量的允许偏差应符合表3-7的规定。

3）控制好节奏。预制构件作业不像现浇混凝土那样是整体浇筑，而是逐个预制构件进行浇筑，每个预制构件的混凝土强度等级可能不一样，混凝土量一般也不一样，前道工序完成的节奏也会有差异，所以，混凝土搅拌作业必须控制节奏，搅拌混凝土强度等级、时机与混凝土数量必须与已经完成前道工序的预制构件的需求一致，既要避免搅拌量过剩或搅拌后等待入模时间过长，又要尽可能提高搅拌效率。

对于全自动生产线，计算机会自动调节控制节奏，对于半自动和人工控制生产线，以及固定模台工艺，混凝土搅拌节奏是靠人工控制的，所以需要严密的计划和作业时的随时沟通。

4）原材料须符合质量要求，特别是骨料的含水率不宜有太大的起伏。

5）严格按照配合比设计投料，计量应准确。

6）搅拌时间要充分。

7）搅拌不同强度等级的混凝土，每个等级搅拌的第一盘混凝土要详细检验。

8）避免余料浪费，一般宜先搅拌强度等级较高的混凝土，后搅拌强度等级低的混凝土。

2. 混凝土搅拌严禁事项

1）不合格的原材料严禁投入使用。骨料含水率起伏较大时，宜采用手动控制进行搅拌。

2）不同品牌、不同强度等级的水泥严禁混用；不同品种、不同性能的外加剂、矿物掺合料严禁混用

3）严禁擅自调整配合比。

4）性能检验不达标的混凝土严禁投入预制构件生产。为避免混凝土浪费，对于因坍落度超标有可能造成强度偏低的混凝土可降级用于低强度等级的产品；对于含气量不达标的混凝土可用于无含气量要求的市政产品或庭院产品。

5）搅拌后时间间隔过长，开始初凝的混凝土严禁投入预制构件生产。

14.3 搅拌计量系统检查

对搅拌计量系统要定期检查，每次停产后恢复生产前都要进行一次系统的检查，正常生产时，每周要对搅拌计量系统检查一次。搅拌操作系统里有校称的选项，进入后用标定的砝码进行称重检验，也可用已知重量且等重的物体（如已知重量的钢段、铁块等）代替砝码来校称。

14.4 坍落度检测与问题对策

混凝土浇筑前，要检测坍落度。坍落度宜在浇筑地点随机取样检测，经坍落度检测合格的混凝土方可使用。测试方法如下：

1）先湿润坍落筒及所用工具，然后将坍落筒放在一块刚性的、平坦的、湿润且不吸水的底板上，用脚踩住底板的两端，使坍落筒在测试时位置固定。把要测试的混凝土试样分三层装入筒内，每层捣实后的高度大致为坍落筒高度的1/3。

2）每层用捣棒插捣 25 次上下，各次插捣要在每层截面上均匀分布；插捣底层时，需稍倾斜并贯穿整个深度；插捣第二层和顶层时捣棒要插透本层，并使之刚好插入下一层表面；每层插捣均宜由边缘向中心呈螺旋形进行。

3）插捣顶层前要将混凝土灌到高出坍落筒，如果插捣使混凝土沉落到低于筒口，则要随时添加混凝土，使其一直保持高出坍落筒。顶层插捣完后，用抹子将筒顶混凝土表面搓平。

4）小心垂直提起坍落筒，其提离过程应在 5～10s 内完成，要平稳向上提起，同时保证混凝土试体不受碰撞或振动。从开始装料到提起坍落筒的整个测试过程要连续进行，并在150s 之内完成。

5）提起坍落筒后，立即测量筒高与坍落后混凝土试体最高点之间的高度差，所得数值就是坍落度值，见图 14-1。

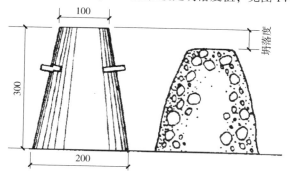

图 14-1　坍落度测量示意图

6）如坍落度检测值在配合比设计允许范围内，且混凝土黏聚性、保水性、流动性均良好，则该盘混凝土可正常使用，反之，如坍落度超出配合比设计允许范围或出现崩塌、严重泌水或流动性差等现象时，应禁止使用该盘混凝土，见图 14-2。

图 14-2　坍落度测试结果
a）正常形状　b）异常形状

7）当实测坍落度大于设计坍落度的最大值时，则该盘混凝土不得用于浇筑当前预制构件。如混凝土和易性良好，可以用于浇筑比当前混凝土设计强度低一等级的预制构件或庭院、景观类预制构件；如混凝土和易性不良，存在严重泌水、离析、崩塌等现象，则该盘混凝土禁止使用。

8）当实测坍落度小于设计坍落度的最小值，但仍有较好的流动性，则该盘混凝土可用于浇筑同强度等级的叠合板、墙板等较简单、操作面较大且容易浇筑的预制构件，否则应通知试验室对该盘混凝土进行技术处理后才能使用。

14.5　混凝土运送方式

如果流水线工艺的混凝土浇筑振捣平台设在搅拌站出料口位置，搅拌站可以直接出料给布料机，没有混凝土运送环节；如果流水线工艺的浇筑振捣平台与搅拌站出料口有一定距离，或采用固定模台工艺，则需要进行混凝土运送作业。

预制构件工厂常用的混凝土运送方式有三种：自动鱼雷

罐运送、起重机加料斗运送、叉车加料斗运送。当厂内搅拌站能力无法满足生产需要时，可以采购部分商品混凝土，但商品混凝土的质量应满足预制构件设计要求，商品混凝土采用搅拌罐车运送。

1）自动鱼雷罐（图 14-3）用在搅拌站到预制构件生产线布料机之间的运输，运输效率高，适合连续浇筑混凝土作业。自动鱼雷罐运输距离不能过长，应控制在 150m 以内，且最好是直线运输。

图 14-3　自动鱼雷罐运输

2）车间内起重机或叉车加上料斗运输混凝土，适用于生产各种预制构件，运输、卸料方便，见图 14-4。

3）混凝土运送须做到以下几点：

①运送能力与搅拌混凝土的节奏匹配。

②运送路径通畅，应尽可能缩短运送时间和距离。

③运送混凝土的容器每次出料后必须清洗干净，不能有残留混凝土。

④当运送路线有露天段，遇到雨雪天气时，运送混凝土的料斗应当苫盖（图 14-5）。

图 14-4　叉车配合料斗运输　　图 14-5　叉车运送混凝土
防雨遮盖

⑤应控制好混凝土从出料到浇筑完成的时间，不应超过表 14-2 的规定。

表 14-2　混凝土从出料到浇筑完成的时间

混凝土强度等级	气温	
	≤25℃	>25℃
< C30	60min	45min
≥ C30	45min	30min

第 15 章 预制构件混凝土浇筑

本章介绍混凝土浇筑操作规程（15.1）、混凝土振捣操作规程（15.2）、混凝土浇筑表面处理操作规程（15.3）和信息芯片埋设（15.4）。

15.1 混凝土浇筑操作规程

1. 混凝土入模

（1）喂料斗半自动入模 由人工操作布料机前后左右移动来完成混凝土的浇筑，混凝土浇筑量通过人工计算或凭经验控制，这是目前国内流水线最常用的混凝土入模方式，见图 15-1。

图 15-1 喂料斗半自动入模

（2）料斗人工入模 通过人工控制起重机前后左右移动料斗完成混凝土浇筑。人工入模（图 15-2）适用于异形预制构件及固定模台工艺的混凝土浇筑，且浇筑点、浇筑时间不固定，浇筑量完全通过人工控制，优点是机动灵活、造价低，缺点是对工人操作技能要求较高。

图 15-2　人工入模

（3）智能化入模
（图 15-3、图 15-4）
布料机根据计算机传
送过来的信息，自动
识别图纸及模具，完
成布料机的移动和布
料，工人通过观察布
料机上显示的数据获

图 15-3　喂料斗自动入模（一）

得布料机内的混凝土量，并随时补充。布料机布料时遇到门
窗洞口或其他预留的缺口位置将自动关闭卸料口。

图 15-4　喂料斗自动入模（二）

2. 混凝土浇筑要点

1）混凝土浇筑前应做好混凝土坍落度、温度、含气量等的检查，并且拍照存档，见图15-5。

2）浇筑混凝土应均匀连续，从模具一端开始向另一端浇筑。

图15-5　混凝土浇筑前检查

3）混凝土倾落高度不宜超过600mm。

4）浇筑过程中应采取有效措施，控制混凝土布料的均匀性、密实性和整体性。

5）混凝土浇筑应连续进行，且应在混凝土初凝前全部完成。

6）混凝土应边浇筑边振捣。

7）冬季混凝土入模温度不应低于5℃。

8）混凝土浇筑时应制作脱模强度试块、出厂强度试块和28d强度试块等。有其他要求的，还应制作符合相应要求的试块，如抗渗试块。

3. 混凝土浇筑注意事项

1）混凝土浇筑前，应检查和控制模板、钢筋、保护层厚度和预埋件的尺寸、规格、数量及位置等，其偏差值应满足相关规定；此外，还应检查模板支撑的稳定性以及模板接缝的密合情况。

2）应对钢筋、预埋件、预埋物拥挤部位认真检查，并妥善处理后方可浇筑。

3）模具和其他隐蔽工程项目应逐项进行隐蔽工程验收，

符合要求后，方可进行浇筑。

4）混凝土浇筑前，应对预埋件及伸出钢筋采取防止污染的措施；应将模具内的垃圾和杂物清理干净，且封堵金属模板中的缝隙和孔洞、钢筋连接套筒及预埋螺栓孔。

5）为防止叠合楼板桁架筋上残留混凝土影响叠合层浇筑混凝土后钢筋连接的握裹力，对建筑的整体结构造成影响，叠合楼板浇筑前要对桁架筋采取保护措施（图15-6），防止混凝土浇筑时对桁架筋造成污染。

图15-6 浇筑前对桁架筋进行保护

6）混凝土浇筑宜一次完成。

7）混凝土浇筑时观察模板、钢筋、预埋件和预留孔洞的情况，当发现有变形、移位时，应立即停止浇筑，并在已浇筑混凝土初凝前对发生变形或移位的部位进行调整后方可进行后续浇筑作业。

8）同一个预制构件上有不同强度等级的混凝土时，浇筑前要确认浇筑部位，防止混凝土浇错部位，浇筑时要先浇筑强度高的部位，再浇筑强度低的部位，防止强度等级低的混凝土流入到强度等级高的部位。

15.2 混凝土振捣操作规程

1. 混凝土振捣方式及要点

（1）固定模台插入式振动棒振捣 预制构件混凝土振捣与现浇混凝土振捣不同，由于套筒、预埋件多，所以要根据预制构件的具体情况选择适宜型号的振动棒。

插入式振动棒（图 15-7）振捣混凝土应符合下列规定：

1）振动棒宜垂直于混凝土表面插入，快插慢拔均匀振捣；当混凝土表面无明显塌陷、

图 15-7 插入式振动棒

不再冒气泡且有水泥浆出现时，应当结束该部位振捣。

2）振动棒与模板的距离不应大于振动棒作用半径的一半；振捣插点间距不应大于振动棒作用半径的 1.4 倍。

3）需分层浇筑时，浇筑次层混凝土时，如采用振动棒振捣的方式，振动棒的前端应插入前一层混凝土中，插入前一层表面深度为 20～50mm。

4）钢筋密集区、预埋件及套筒部位应当选用小型振动棒振捣，并且加密振捣点，适当延长振捣时间。

5）反打石材、装饰面砖、装饰混凝土等墙板类预制构件振捣时应控制振动棒的插入深度，防止振动棒损伤饰面材料。

（2）固定模台附着式振动器振捣 固定模台生产叠合楼

板、阳台板等薄壁形板类预制构件时可选用附着式振动器，见图15-8。附着式振动器振捣混凝土应符合下列规定：

图 15-8　附着式振动器

1）振动器与模板紧密连接，振动器的布置间距通过试验来确定。

2）模台上使用多台附着式振动器时，各振动器的频率及电机相序应一致，并应交错设置在模台相对的两侧。

3）对一些比较宽的预制构件，附着式振动器振捣不能到位的，要搭设振捣作业临时桥板，配合使用插入式振动棒振捣，保证混凝土振捣密实。

（3）固定模台平板振动器振捣　平板振动器适用于制作墙板时墙板内表面提浆、找平，或者局部辅助振捣。

（4）流水线振动台自动振捣　流水线振动台通过水平和垂直振动使混凝土达到密实。流水线360°振动台可以上下、左右、前后360°方向的运动，从而保证混凝土密

图 15-9　流水线360°振动台

实，且噪声在75dB以内，见图15-9。

2. 混凝土振捣的注意事项

1）混凝土宜采用机械振捣方式成型；振捣设备应根据混凝土的品种、预制构件的规格和形状等因素确定，应制定振捣操作规程。

2）当采用振动棒时，混凝土振捣过程中应避免碰触钢筋骨架、饰面材料和预埋件。

3）混凝土振捣过程中应随时检查模具有无漏浆、变形或预埋件有无移位等现象。

4）有平面和立面的转角预制构件（图15-10），要先浇筑、振捣平面部位，待平面浇筑位置达到立面底部时，再浇筑、振捣立面部位。

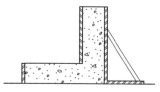

图 5-10　转角预制构件示意图

15.3　混凝土浇筑表面处理操作规程

1. 压光面

混凝土浇筑振捣完成后，应用铝合金刮尺刮平表面。在混凝土表面临近面干时，用木质抹子对混凝土表面搓光、搓平，然后用铁抹子抹压至表面平整光洁。

2. 粗糙面

1）预制构件模具面要做成粗糙面可采用预涂缓凝剂工艺，脱模后采用高压水冲洗，见图15-11。

图 15-11　水洗粗糙面

2）预制构件浇筑面要做成粗糙面可在混凝土初凝前进行拉毛处理，见图15-12。

3）墙板内墙面做内装需毛面的，可在刮平表面面干时，用木抹子搓成毛面。

3. 键槽

模具面的键槽是靠模板上预设的凸凹形状实现的，如果需要在浇筑面设置键槽，应在混凝土浇筑后用专用工具压制成型，图15-13是预应力空心板侧向结合面的键槽和粗糙面。

图 15-12　预应力叠合板浇筑　　　图 15-13　预应力空心
　　　　面粗糙面　　　　　　　　板侧面的键槽和粗糙面

4. 抹角

有些预制构件的浇筑面边角需做成135°抹角（如叠合板上部边角），可用内模成型或由人工抹成。

15.4　信息芯片埋设

预制构件工厂应建立预制构件生产管理信息化系统，用于记录预制构件生产关键信息，以追溯、管理预制构件的生产质量和进度。

有些地区，政策上强制要求必须在预制构件内埋设信息芯片，大部分地区暂无此要求。

1. 芯片的规格

芯片为超高频芯片，外观尺寸一般为 80mm × 20mm ×

3mm，见图 15-14。

图 15-14　芯片

2. 芯片的埋设

芯片录入各项信息后，宜将芯片浅埋在预制构件成型表面，埋设位置宜建立统一规则，便于后期识别读取。埋设方法如下：

1）竖向预制构件收水抹面时，将芯片埋置在浇筑面中心距楼面约 60~80cm 高处，带窗预制构件则埋置在距窗洞下边约 20~40cm 中心处，并做好标记。脱模前将打印好的信息表粘贴于标记处，便于查找芯片埋设位置。

2）水平预制构件一般放置在底部中心处，将芯片粘贴固定在平台上，与混凝土整体浇筑。

3）芯片埋深以贴近混凝土表面为宜，埋深不应超过 2cm，具体以芯片供应厂家提供数据实测为准，见图 15-15 和图 15-16。

图 15-15　芯片埋设示意图

图 15-16　手持 PDA 扫描芯片示意图

第16章 预制构件养护

养护是保证预制构件质量的重要环节，本章介绍蒸汽养护流程（16.1）、养护窑集中蒸汽养护操作规程（16.2）、固定模台蒸汽养护操作规程（16.3）、自然养护操作规程（16.4）和养护后预制构件存放环境要求（16.5）。

16.1 蒸汽养护流程

蒸汽养护是预制构件生产最常用的养护方式。根据《装标》中的有关规定，蒸汽养护应采用能自动控制温度的设备，蒸汽养护流程为：预养护→升温→恒温→降温，见图16-1。

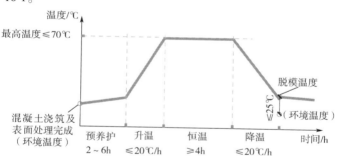

图 16-1 蒸汽养护流程曲线图

1. 预养护

预养护是混凝土浇筑及表面处理完成至蒸汽养护开始前的时间，也称为"静停"，预养护的时间宜为2~6h。

2. 升温

开启蒸汽，使养护窑或养护罩内的温度缓慢上升，升温阶段应控制升温速度不超过 20℃/h。

3. 恒温

根据实时温度，设备自动控制蒸汽的开启与关闭，使养护窑或养护罩内的温度恒定。恒温阶段的最高温度不应超过 70℃，夹芯保温板最高养护温度不宜超过 60℃，梁、柱等较厚的预制构件最高养护温度宜控制在 40℃ 以内。恒温时间应在 4h 以上。

4. 降温

逐渐关小直至关闭蒸汽阀门，使养护窑或养护罩内的温度缓慢下降。降温阶段应控制降温速度不超过 20℃/h。预制构件出养护窑或撤掉养护罩时，其表面温度与环境温度差值不应超过 25℃。

升降温速度过快或养护温度偏高是预制构件表面产生裂缝的原因之一。

16.2 养护窑集中蒸汽养护操作规程

养护窑集中蒸汽养护适用于流水线工艺。养护窑集中蒸汽养护操作规程为：

1）预制构件入窑前，应先检查窑内温度，窑内温度与预制构件温度之差不宜超过 15℃ 且不高于预制构件蒸养允许的最高温度。

2）将需养护的预制构件连同模台一起送入养护窑，见图 16-2。

3）在自动控制系统上设置好养护的各项参数。养护的最高温度应根据预制构件类型和季节等因素来设定。一般冬

图 16-2　养护窑集中蒸汽养护

季养护温度可设置得高一些，夏季可设置低一些，甚至可以不蒸养；不同类型预制构件养护允许的最高温度参见本章 16.1。

4）自动控制系统应由专人进行操作和监控。

5）根据设置的参数进行预养护。

6）预养护结束后系统自动进入蒸汽养护程序，向窑内通入蒸汽并按预设参数进行自动调控。

7）养护过程中，应设专人监控养护效果。

8）当意外事故导致失控时，系统将暂停蒸汽养护程序并发出警报，请求人工干预。

9）当养护主程序完成且环境温度与窑内温度差值小于25℃时，蒸汽养护结束。

10）预制构件脱模前，应再次检查养护效果，通过同条件试块抗压试验并结合预制构件表面状态的观察，确认预制构件是否达到脱模所需的强度。

16.3　固定模台蒸汽养护操作规程

固定台模蒸汽养护（图 16-3）宜采用全自动多点控温设

备进行温度控制。固定模台蒸汽养护操作规程为：

图16-3　固定模台蒸汽养护

1）养护罩应具有较好的保温效果且不得有破损、漏气等。

2）应设"人"字形或"Ⅱ"形支架将养护罩架起，盖好养护罩，四周应密封好，不得漏气。

3）在罩顶中央处设置好温度检测探头。

4）在温控主机上设置好蒸汽养护参数，包括蒸汽养护的模台、预养护时间、升温速率、最高温度、恒温时间、降温速率等，养护最高温度可参照本章16.1的方法进行设定。蒸汽控制系统主界面见图16-4。

5）预养护时间结束后，系统将根据预设参数自动开启相应模台的供汽阀门。

6）操作人员应查看蒸汽压力、阀门动作等情况，并检查蒸汽有无泄漏。

7）蒸汽养护的全过程，应设专人操作和监控，检查养护效果。

8）蒸汽养护过程中，系统将根据预设参数自动完成温

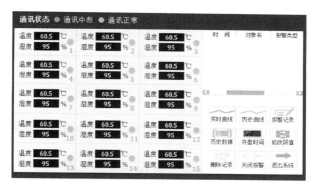

图 16-4 蒸汽控制系统主界面

度的调控。因意外导致失控时，系统将暂停故障通道的蒸汽养护程序并发出警报，提醒人工干预。

9）预设的恒温时间结束后，系统将关闭供汽阀门进行降温，同时监控降温情况，必要时自动进行调节。

10）当养护罩内的温度与环境温度差值小于预设温度时，系统将自动结束蒸汽养护程序。

11）按本章 16.2 中 10）的方法再次确认养护效果以确定预制构件强度是否达到脱模所需的要求。

12）没有自动控温设备的固定模台蒸汽养护，应安排专人值守，宜 30min 测量一次蒸汽养护温度，根据需要手动调整蒸汽阀门来控制蒸汽养护温度。

16.4 自然养护操作规程

自然养护可以降低预制构件生产成本，当预制构件生产有足够的工期或环境温度能确保次日预制构件脱模强度满足要求时，应优先采取自然养护的方式。自然养护操作规程为：

1）在需要养护的预制构件上盖上不透气的塑料或尼龙薄膜，处理好周边封口。

2）必要时在上面加盖较厚实的帆布或其他保温材料，减少温度散失。

3）让预制构件保持覆盖状态，中途应定时观察薄膜内的湿度，必要时应适当淋水。

4）直至预制构件强度达到脱模强度后方可撤去预制构件上的覆盖物，结束自然养护。

16.5　养护后预制构件存放环境要求

预制构件养护后应统一存放于预制构件存放场地，预制构件存放场地宜设置在阴凉、无日光直接照射处或是室内，当存放场地在室外无遮阳设施时，自预制构件进入存放场地起21天内，应对预制构件表面进行覆盖并定时淋水，确保预制构件表面湿度满足要求。

第 17 章　预制构件脱模

本章主要介绍预制构件脱模作业，包括：预制构件脱模流程（17.1）、流水线工艺脱模操作规程（17.2）、固定模台工艺脱模操作规程（17.3）、模具清理（17.4）和模具报验（17.5）。

17.1　预制构件脱模流程

常规的预制构件脱模流程如下：

1）拆模前，应做混凝土试块同条件抗压强度试验，试块抗压强度应满足设计要求且不宜小于 15MPa，预制构件方可脱模。

2）试验室根据试块检测结果出具脱模起吊通知单。

3）生产部门收到脱模起吊通知单后安排脱模。

4）拆除模具上部固定预埋件的工装，见图 17-1。

5）拆除安装在模具上的预埋件的固定螺栓。

6）拆除边模、底模、内模等的固定螺栓。

7）拆除内模。

8）拆除边模，见图 17-2。

图 17-1　拆除工装

图 17-2　拆除边模

9）拆除其他部分的模具。

10）将专用吊具安装到预制构件脱模埋件上，拧紧螺栓。

11）用泡沫棒封堵预制构件表面所有预埋件孔，吹净预制构件表面的混凝土碎渣。

12）将吊钩挂到安装好的吊具上，锁上保险。

13）再次确认预制构件与所有模具间的连接已经拆除。

14）确认起重机吊钩垂直于预制构件中心后，以最低起升速度平稳起吊预制构件，直至构件脱离模台，见图 17-3。

图 17-3　预制构件起吊

17.2　流水线工艺脱模操作规程

流水线工艺多采用磁盒固定模具，脱模操作规程如下：

1）按脱模起吊通知单安排拆模。

2）打开磁盒磁性开关后将磁盒拆卸，确保拆卸不遗漏。

3）拆除与模具连接的预埋件固定螺栓。

4）将边模平行向外移出，防止损伤预制构件边角。

5）如预制构件需要侧翻转，应在侧翻转工位先进行侧翻转（图 17-4），侧翻转角度在 80°左右为宜。

6）选择适用的吊具，确保预制构件能平稳起吊。

7）检查吊点位置是否与设计图样一致，防止预制构件起吊过程中产生裂缝。

8）预制构件起吊，见图17-5。

图 17-4　预制构件侧翻转　　　图 17-5　预制构件侧翻转后起吊

17.3　固定模台工艺脱模操作规程

固定模台（包括独立模具）工艺多采用定位销和螺钉固定模具，脱模操作规程如下：

1）根据脱模起吊通知单安排脱模。

2）拆除定位销和螺钉，严禁用振动、敲打方式拆卸。

3）除无须侧翻转外，其他步骤与 17.2 中的 3）～8）相同。

17.4　模具清理

1）自动化流水线工艺一般有边模清洁设备，通过传送带将边摸送入清洁设备并清扫干净，再通过传送带将清扫干净的边模送进模具库，由机械手按照型号规格分类储存备用（见图5-11）。

2）人工清理边模需要先用钢丝球或刮板去除模具内侧残留混凝土及其他杂物，然后用电动打磨机打磨干净。

3）用钢铲将边模与边模，边模与模台拼接处混凝土等残留物清理干净（图17-6），保证组模时拼缝密合。

4）用电动打磨机等将边模上下边沿混凝土等残留物清

理干净（图17-7），保证预制构件制作时厚度尺寸不产生偏差。

图17-6　清理模具拼接处　　　图17-7　清理模具边沿

5）模台清理作业见第8章的8.1。

17.5　模具报验

对于漏浆严重的模具或导致预制构件变形（包括预制构件鼓胀、凹陷、过高、过低）的模具，应及时向质检人员提出进行模具检验，找出造成漏浆或变形的原因，并立即整改或修正模具。

第18章 预制构件质量检查

本章主要介绍预制构件的质量检查,包括:预制构件允许误差及检验方法(18.1)和预制构件外观检查(18.2)。

18.1 预制构件允许误差及检验方法

《装标》9.7.3 条文规定,预制构件不应有影响结构性能、安装和使用功能的尺寸偏差。当设计有专门规定时,尚应符合设计的要求。对超过尺寸允许偏差且影响结构性能和安装、使用功能的部位应经原设计单位认可,制定技术处理方案进行处理,并重新检查验收。

1. 预制构件允许偏差

预制构件尺寸及预埋件、预留孔、预留洞、预留插筋、吊环键槽、灌浆套筒及连接钢筋、饰面材允许偏差应符合《装标》9.7.4 条文规定,见表 18-1 ~ 表 18-4。

2. 预制构件允许偏差检验方法

1)楼板类、墙板类、梁柱桁架类预制构件外形尺寸允许偏差和检验方法应分别符合表 18-1 ~ 表 18-3 的规定。

检查数量:《装标》11.2.9 条规定按照进场检验批,同一规格(品种)的预制构件每次抽检数量不应少于该规格(品种)数量的 5% 且不少于 3 件。

2)装饰预制构件的装饰外观尺寸允许偏差和检验方法应符合设计要求;当设计无具体要求时,应符合表 18-4 的规定。

检查数量:《装标》11.2.10 条规定按照进场检验批,同一规格(品种)的预制构件每次抽检数量不应少于该规格(品种)数量的 10% 且不少于 5 件。

表 18-1   预制楼板类构件外形尺寸允许偏差及检验方法

项次	检查项目			允许偏差/mm	检验方法
1	规格尺寸	长度	<12m	±5	用尺量两端及中间部,取其中偏差绝对值较大者
			≥12m 且<18m	±10	
			≥18m	±20	
2		宽度		±5	用尺量两端及中间部,取其中偏差绝对值较大者
3		厚度		±5	用尺量板四角和四边中部位置共8处,取其中偏差绝对值较大者
4	外形	对角线差		6	在构件表面,用尺量测两对角线的长度,取其绝对值的差值
5		表面平整度	内表面	4	用2m靠尺安放在构件表面上,用楔形塞尺量测靠尺与表面之间的最大缝隙
			外表面	3	
6		楼板侧向弯曲		$l/750$ 且≤20	拉线,钢尺量最大弯曲处
7		扭翘		$l/750$	四对角拉两条线,量测两线交点之间的距离,其值的2倍为扭翘值

项次	检查项目			允许偏差 /mm	检验方法
8	预埋部件	预埋钢板	中心线位置偏差	5	用尺量测纵横两个方向的中心线位置，取其中较大值
			平面高差	0，−5	用尺紧靠在预埋件上，用楔形塞尺量测预埋件平面与混凝土面的最大缝隙
9		预埋螺栓	中心线位置偏移	2	用尺量测纵横两个方向的中心线位置，取其中较大值
			外露长度	+10，−5	用尺量
10		预埋线盒、电盒	在构件平面的水平方向中心位置偏差	10	用尺量
			与构件表面混凝土高差	0，−5	用尺量
11	预留孔		中心线位置偏移	5	用尺量测纵横两个方向的中心线位置，取其中较大值
			孔尺寸	±5	用尺量测纵横两个方向尺寸，取其中最大值

项次	检查项目		允许偏差 /mm	检验方法
12	预留洞	中心线位置偏移	5	用尺量测纵横两个方向的中心线位置，取其中较大值
		洞口尺寸、深度	±5	用尺量测纵横两个方向尺寸，取其中最大值
13	预留插筋	中心线位置偏移	3	用尺量测纵横两个方向的中心线位置，取其中较大值
		外露长度	±5	用尺量
14	吊环、木砖	中心线位置偏移	10	用尺量测纵横两个方向的中心线位置，取其中较大值
		留出高度	0，-10	用尺量
15	桁架钢筋高度		+5，0	用尺量

表 18-2 预制墙板类构件外形尺寸允许偏差及检验方法

项次	检查项目		允许偏差 /mm	检验方法
1	规格尺寸	高度	±4	用尺量两端及中间部，取其中偏差绝对值较大值
2		宽度	±4	用尺量两端及中间部，取其中偏差绝对值较大值
3		厚度	±3	用尺量板四角和四边中部位置共8处，取其中偏差绝对值较大值

项次	检查项目			允许偏差 /mm	检验方法
4	对角线差			5	在构件表面，用尺量测两对角线的长度，取其绝对值的差值
5	外形	表面 平整度	内表面	4	用2m靠尺安放在构件表面上，用楔形塞尺量测靠尺与表面之间的最大缝隙
			外表面	3	
6		楼板侧向弯曲		$l/1000$ 且 ≤ 20	拉线，钢尺量最大弯曲处
7		扭翘		$l/1000$	四对角拉两条线，量测两线交点之间的距离，其值的2倍为扭翘值
8	预埋部件	预埋钢板	中心线 位置偏移	5	用尺量测纵横两个方向的中心线位置，取其中较大值
			平面高差	0，-5	用尺紧靠在预埋件上，用楔形塞尺量测预埋件平面与混凝土面的最大缝隙
9		预埋螺栓	中心线 位置偏移	2	用尺量测纵横两个方向的中心线位置，取其中较大值
			外露长度	+10，-5	用尺量

项次	检查项目			允许偏差 /mm	检验方法
10	预埋部件	预埋套筒、螺母	中心线位置偏移	2	用尺量测纵横两个方向的中心线位置，取其中较大值
			平面高差	0，−5	用尺紧靠在预埋件上，用楔形塞尺量测预埋件平面与混凝土面的最大缝隙
11	预留孔		中心线位置偏移	5	用尺量测纵横两个方向的中心线位置，取其中较大值
			孔尺寸	±5	用尺量测纵横两个方向尺寸，取其中最大值
12	预留洞		中心线位置偏移	5	用尺量测纵横两个方向的中心线位置，取其中较大值
			洞口尺寸、深度	±5	用尺量测纵横两个方向尺寸，取其中最大值
13	预留插筋		中心线位置偏移	3	用尺量测纵横两个方向的中心线位置，取其中较大值
			外露长度	±5	用尺量

项次	检查项目		允许偏差/mm	检验方法
14	吊环、木砖	中心线位置偏移	10	用尺量测纵横两个方向的中心线位置，取其中较大值
		与构件表面混凝土高差	0，−10	用尺量
15	键槽	中心线位置偏移	5	用尺量测纵横两个方向的中心线位置，取其中较大值
		长度、宽度	±5	用尺量
		深度	±5	用尺量
16	灌浆套筒及连接钢筋	灌浆套筒中心线位置	2	用尺量测纵横两个方向的中心线位置，取其中较大值
		连接钢筋中心线位置	2	用尺量测纵横两个方向的中心线位置，取其中较大值
		连接钢筋外露长度	+10，0	用尺量

表 18-3　预制梁柱桁架类构件外形尺寸允许偏差及检验方法

项次	检查项目			允许偏差/mm	检验方法
1	规格尺寸	长度	<12m	±5	用尺量两端及中间部，取其中偏差绝对值较大值
			≥12m 且<18m	±10	
			≥18m	±20	

项次	检查项目		允许偏差 /mm	检验方法
2	规格尺寸	宽度	±5	用尺量两端及中间部，取其中偏差绝对值较大值
3		厚度	±5	用尺量板四角和四边中部位置共8处，取其中偏差绝对值最大值
4	表面平整度		4	用2m靠尺安放在构件表面上，用楔形塞尺量测靠尺与表面之间的最大缝隙
5	侧向弯曲	梁柱	$l/750$ 且 ≤ 20	拉线，钢尺量最大弯曲处
		桁架	$l/1000$ 且 ≤ 20	
6	预埋部件	预埋钢板 中心线位置偏差	5	用尺量测纵横两个方向的中心线位置，取其中较大值
7		预埋钢板 平面高差	0，−5	用尺紧靠在预埋件上，用楔形塞尺量测预埋件平面与混凝土面的最大缝隙
		预埋螺栓 中心线位置偏移	2	用尺量测纵横两个方向的中心线位置，取其中较大值
		预埋螺栓 外露长度	+10，−5	用尺量

项次	检查项目		允许偏差 /mm	检验方法
8	预留孔	中心线位置偏移	5	用尺量测纵横两个方向的中心线位置，取其中较大值
		孔尺寸	±5	用尺量测纵横两个方向尺寸，取其中最大值
9	预留洞	中心线位置偏移	5	用尺量测纵横两个方向的中心线位置，取其中较大值
		洞口尺寸、深度	±5	用尺量测纵横两个方向尺寸，取其中最大值
10	预留插筋	中心线位置偏移	3	用尺量测纵横两个方向的中心线位置，取其中较大值
		外露长度	±5	用尺量
11	吊环	中心线位置偏移	10	用尺量测纵横两个方向的中心线位置，取其中较大值
		留出高度	0，−10	用尺量
12	键槽	中心线位置偏移	5	用尺量测纵横两个方向的中心线位置，取其中较大值
		长度、宽度	±5	用尺量
		深度	±5	用尺量

项次	检查项目		允许偏差/mm	检验方法
13	灌浆套筒及连接钢筋	灌浆套筒中心线位置	2	用尺量测纵横两个方向的中心线位置，取其中较大值
		连接钢筋中心线位置	2	用尺量测纵横两个方向的中心线位置，取其中较大值
		连接钢筋外露长度	+10，0	用尺量测

表18-4 装饰构件外观尺寸允许偏差及检验方法

项次	装饰种类	检查项目	允许偏差/mm	检验方法
1	通用	表面平整度	2	2m靠尺或塞尺检查
2	面砖、石材	阳角方正	2	用托线反板检查
3		上口平直	2	拉通线用钢尺检查
4		接缝平直	3	用钢尺或塞尺检查
5		接缝深度	±5	用钢尺或塞尺检查
6		接缝宽度	±2	用钢尺检查

18.2 预制构件外观检查

预制构件外观不应有严重缺陷，且不应有影响结构性能和安装、使用功能的尺寸偏差。预制构件严重缺陷检查为主控项目，用目测、尺量方式进行全数检查，并做好检查记录。

预制构件表观检查重点如下：

1. 表面检查重点

1）表面是否有蜂窝、孔洞、夹渣、疏松等情况，见图 18-1 ~ 图 18-3。

2）表面装饰层质感是否完好。

3）表面是否有裂缝。

4）表面是否有破损，见图 18-4。

5）粗糙面、键槽是否符合设计要求。

图 18-1　预制构件表面孔洞

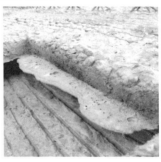

图 18-2　预制构件表面蜂窝、夹渣

图 18-3　预制构件表面疏松

图 18-4　预制构件表面破损

2. 尺寸检查重点

1）伸出钢筋是否偏位，见图 18-5。

2）套筒是否偏位或不垂直。

3）预留孔眼是否偏位，孔道是否歪斜，见图 18-6。

4）预埋件是否偏位，见图 18-7。

5）防雷引下线焊接位置是否正确，是否偏位，见图 18-8。

图 18-5　伸出钢筋位置检查

图 18-6　预留孔眼检查

图 18-7　预埋件位置检查

图 18-8　防雷引下线与钢副框
焊接不规范

6）外观尺寸是否符合要求，见图 18-9。

图 18-9　外观尺寸检查

7）平整度是否符合要求。

第19章 预制构件修补与表面处理

本章主要介绍预制构件的修补与表面处理，包括预制构件修补（19.1）、预制构件裂缝处理（19.2）和预制构件表面处理（19.3）。

19.1 预制构件修补

19.1.1 修补料

1. 选择修补料的原则

1）修补料的强度应比待修补预制构件的混凝土提高一个强度等级。

2）选用具有无收缩性或微膨胀性的修补料。

3）选用能满足养护要求的修补料。

2. 修补料原料

常用的修补料原料包括：

1）灰水泥（生产用水泥）。

2）白水泥（52.5级）。

3）黄砂（用1.18mm筛子筛去粗颗粒，使用细颗粒部分）。

4）修补乳胶液。

5）无收缩灌浆料或微膨胀剂。

6）环氧树脂等。

3. 修补料选用及配合比

修补料配合比要根据实际使用的原料经试验确定，以下配合比仅供参考：

1）修补水泥腻子：应用于预制构件表面气孔、疏松、边角不齐等的修补。配合比如下：

修补乳胶液:修补水泥:水 = 1:3:0.1（质量比）

2）修补水泥砂浆：应用于预制构件表面蜂窝孔洞、疏松、掉角、裂缝等的修补。配合比如下：

修补乳胶液:修补水泥:砂:水 = 1:3:2:0.1（质量比）

3）环氧树脂净浆：应用于预制构件表面较大的裂缝的修补。配合比如下：

环氧树脂:固化剂（乙二胺）:稀释剂（二甲苯）:环氧氯丙烷 = 1:0.25:0.2~0.4:0.2（质量比）

4）无收缩灌浆料或微膨胀剂：应用于预制构件较大的蜂窝孔洞、裂缝的修补。

根据使用品牌，按厂家使用说明书推荐的配合比配制。

5）修补用水泥：生产中使用的散装灰水泥与52.5级白水泥经试验调色后混合均匀作为修补水泥，要即混即用。

6）面砖修补材料：陶瓷砖强力粘结剂等。

19.1.2 普通预制构件修补

1. 孔洞修补

1）将修补部位不密实混凝土及突出骨料颗粒仔细凿除干净，洞口上部向外上斜，下部方正水平为宜。

2）用高压水及钢丝刷将基层处理洁净，修补前用湿棉纱等材料将空洞周边混凝土充分湿润。

3）孔洞周围先涂以水泥净浆，然后用无收缩灌浆料填补并分层仔细捣实，以免新旧混凝土接触面上出现裂缝，同时，将新混凝土表面抹平抹光至满足外观要求。

4）如一次性修补不能满足外观要求，第一次修补可低于构件表面 3～5mm，待修补部位强度达到 5MPa 以上，再用表面修补材料进行表面修饰处理。

2. 缺角修补

缺角是指预制构件的边角混凝土崩裂、脱落。

1）将缺角处已松动的混凝土凿去，并用水冲洗干净，然后用修补水泥砂浆将崩角处填补好。

2）如缺角的厚度超过 40mm 时，要加种钢筋，分两次或多次修补，修补时要用靠模，确保修补处与整体平面保持一致，边角线条平直，见图 19-1。

图 19-1　靠模

3. 麻面修补

麻面是指预制构件表面的麻点，对结构无影响，对外观要求不高时通常不做处理。如需处理，方法如下：

1）用毛刷蘸稀草酸溶液将该处脱模剂油点或污点洗净。

2）配备修补水泥砂浆，水泥品种必须与原混凝土一致，砂为细砂，最大粒径 ≤1mm。

3）修补前用水湿润表面，按刮腻子的方法，将水泥砂浆用刮板用力压入麻点处，随即刮平直至满足外观要求。

4）表面干燥后用细砂纸打磨。

5）修补完成后，及时覆盖，保湿养护 3～7d。

4. 气泡修补

气泡是混凝土表面不超过 4mm 的圆形或椭圆形孔穴，深度一般不超过 5mm，内壁光滑。

1）将气泡表面的水泥浆凿去，使气泡完全开口，并用水将气泡孔冲洗干净。

2）用修补水泥腻子将气泡填满抹平即可。

3）较大的气泡宜分 2 次修补。

5. 蜂窝修补

预制构件上不密实混凝土的范围或深度超过 4mm，小蜂窝可按麻面方法修补，大蜂窝可采用如下方法修补：

1）将蜂窝处及周边软弱部分混凝土凿除，并形成凹凸相差 5mm 以上的粗糙面。

2）用高压水及钢丝刷等将结合面洗净。

3）用水泥砂浆修补，水泥品种必须与原混凝土一致，砂子宜采用中粗砂。

4）按照抹灰工操作法，用抹子大力将砂浆压入蜂窝内，压实刮平。在棱角部位用靠尺取直，确保外观一致。

5）表面干燥后用细砂纸打磨。

6）修补完成后，及时覆盖保湿养护至与原混凝土一致。

6. 色差修补

对油脂引起的假分层现象，用砂纸打磨后即可现出混凝土本色，对其他原因造成的混凝土分层，当不影响结构使用时，一般不做处理，需处理时，用灰白水泥调制的接近混凝土颜色的浆体粉刷即可。当有软弱夹层影响混凝土结构的整体性时，按施工缝进行处理：

1）如夹层较小，缝隙不大，可先将杂物浮渣清除，夹层面凿成"V"字形后，用水清洗干净，在潮湿无积水状态下，用水泥砂浆用力填塞密实。

2）如夹层较大时，将该部位混凝土及夹层凿除，视其性质按蜂窝或孔洞修补方法进行处理。

7. 错台修补

1）将错台高出部分、胀模鼓出部分凿除并清理干净，露出石子，新茬表面比预制构件表面略低，并稍微凹陷成弧形。

2）用水将新茬面冲洗干净并充分湿润。在基层处理完后，先涂以水泥净浆，再用干硬性水泥砂浆自下而上按照抹灰工操作法用力将砂浆刮压在结合面上，反复刮压，抹平。修补用水泥品种应与原混凝土一致，砂用中粗砂，必要时掺拌白水泥，以保证混凝土色泽一致。为使砂浆与混凝土表面结合良好，抹光后的砂浆表面应覆盖塑料薄膜养护，并用支撑模板顶紧压实。

8. 黑白斑修补

1）黑斑用细砂纸精心打磨后，即可现出混凝土本身颜色。

2）白斑一般情况下不做处理，当白斑处混凝土松散时可按麻面修补方法进行修补。

9. 空鼓修补

1）在预制构件"空鼓"处挖小坑槽，将混凝土压入，直至饱满、无空鼓声为止。

2）如预制构件空鼓严重，可在预制构件上钻孔，按二次灌浆法将混凝土压入。

10. 边角不平修补

边角处不平整或线条不直的，用角磨机打磨修正，凹陷处用修补水泥腻子补平。

19.1.3 有饰面材的预制构件的修补

有饰面材的预制构件的表面如果出现破损，修补很困难，而且不容易达到原来效果，因此，应该加强成品保护，万一出现破损，可以按下列方法修补：

1. 石材修补

根据表 19-1 的方法进行石材的修补。

表 19-1　石材的修补方法

石材掉角	发生石材掉角时，需与业主、监理等协商之后再决定处置方案 修补方法应遵照下列要点：粘结剂（环氧树脂系）：硬化剂＝100∶1（按修补部位的颜色要求适量加入色粉）；搅拌以上填充材后涂入石块的损伤部位，硬化后用刀片切修
石材开裂	发生石材开裂时，原则上要更换重贴，但实施前应与业主、监理等协商并得到认可

2. 瓷砖更换及修补

（1）瓷砖更换的标准　当瓷砖达到表 19-2 的更换标准时要进行瓷砖的更换。

表 19-2　需要更换的瓷砖的标准

弯曲	2mm 以上
下沉	1mm 以上
缺角	5mm×5mm 以上
裂纹	瓷砖出现裂纹时要和业主、监理等协商后再施工

（2）瓷砖更换的方法（瓷砖换贴处应在记录图纸上进行标记）

1）将需更换瓷砖周围切开，凿除整块瓷砖后清洁破断面，用钢丝刷刷掉碎屑，用刷子等仔细清洗。用刀把瓷砖缝中的多余部分除去，尽量不要出现凹凸不平的情况。

2）在破断面上使用速效粘结剂粘贴瓷砖。更换瓷砖要在瓷砖背面及断面两面填充速效粘结剂，涂层厚为 5mm 以下，施工时要防止出现空隙。

3）速效粘结剂硬化后，缝格部位用砂浆勾缝，缝的颜色及深度要和原缝隙部位吻合。

（3）掉角瓷砖的修补　瓷砖不到 5mm×5mm 的掉角，业主、监理同意修补的前提下，用环氧树脂修补剂及指定涂料进行修补。

19.1.4　修补后养护

修补部位表面凝结后要洒水养护并苫盖，要防止风吹、暴晒。修补后的养护有以下几种方式：

1）修补面积较大，修补完成后要对预制构件进行整体苫盖。

2）局部修补的，要在修补处用塑料布进行苫盖，见图 19-2。

3）修补处涂抹养护剂进行养护。

图 19-2　塑料布苫盖养护

4）修补较小的部位，也可用胶带粘贴在修补处进行保水养护，见图 19-3。

图 19-3　胶带粘贴保水养护

19.2　预制构件裂缝处理

1. 对裂缝出现的原因进行分析

在进行成品检查时，如果发现预制构件出现裂缝，应马上对出现的裂缝进行分析，找出裂缝出现的原因，并及时采取措施避免继续出现相同问题。导致预制构件出现裂缝的常见原因有以下几种：

1）在生产过程中操作不当（如保护层设置不当、蒸汽养护升温、降温过快及脱模、吊运不当等）。

2）存放不当（如支垫方式、支垫位置不正确等）。

3）材料问题（如原材料不合格、混凝土用水量过大等）。

4）外部环境问题（如预制构件出养护窑或撤掉养护罩时，表面温度与环境温度温差过大等）。

2. 对裂缝状态进行判断

预制构件出现裂缝现象后，预制构件工厂技术人员、驻厂监理应一同对裂缝情况进行分析判断，如果确定可以进行修补，需要制定相应的修补方案，并按照方案进行修补。

3. 裂缝的修补方法

修补前，必须对裂缝处混凝土表面进行预处理，除去基层表面上的浮灰、水泥浮浆、反霜、油渍和污垢等，并用水冲洗干净；对于表面上的凸起、疙瘩以及起壳、分层等疏松部位，应将其铲除，并用水冲洗干净，干燥后按处理方案进行修补。

（1）收缩裂缝修补

1）对于细微的收缩裂缝可向裂缝注入水泥净浆，填实后覆盖养护；或对裂缝加以清洗，干燥后涂刷两遍环氧树脂净浆进行表面封闭。

2）对于较深的收缩裂缝，应用环氧树脂净浆注浆后表面再加刷建筑粘胶进行封闭。

（2）龟裂修补　首先要清洗预制构件表面，不能有灰尘残留，再用海绵涂抹水泥腻子进行修补，凝结后再用细砂纸打磨光滑。

（3）不贯通裂缝修补　首先要在裂缝处凿出 V 形槽（图 19-4），并将 V 形槽清理干净，做到无灰尘，用与预制构件强度相当的水泥砂浆或混凝土进行修补，修补后要把残余修补料清理干净。待修补处强度达到 5MPa 以上后再用水泥腻子进行表面处理。

（4）贯通裂缝修补　首先要将裂缝处整体凿开，清理干净，做到无灰尘，用无收缩灌浆料或水泥砂浆

图 19-4　凿出的 V 形槽

进行修补，也可在裂缝处用环氧树脂进行修补，环氧树脂要用注浆设备来操作，注射完成后再用水泥腻子进行表面修补。

19.3 预制构件表面处理

预制构件的表面处理是指对清水混凝土、装饰混凝土和带饰面材的预制构件进行表面处理，以达到自清洁、耐久和美观的效果。

1. 清水混凝土预制构件的表面处理

1）擦去浮灰。

2）有油污的地方可采用清水或质量分数 5% 的磷酸溶液进行清洗。

3）用干抹布将清洗部位表面擦干，观察清洗效果。

4）如果需要，可以在清水混凝土预制构件表面涂刷混凝土保护剂。保护剂的涂刷是为了增加自洁性，减少污染。保护剂一般是在施工现场预制构件安装后进行涂刷。

2. 装饰混凝土预制构件的表面处理

1）用清水冲洗预制构件表面。

2）用刷子均匀的将稀释的盐酸溶液（质量分数低于5%）涂刷到预制构件表面。

3）涂刷 10min 后，用清水把盐酸溶液冲洗干净。

4）如果需要，干燥以后可以涂刷防护剂。

3. 带饰面材预制构件的表面处理

带饰面材预制构件包括石材反打预制构件、装饰面砖反打预制构件等。带饰面材预制构件表面清洁通常使用清水清洗，清水无法清洗干净的情况下，再用低浓度磷酸清洗。

第20章 预制夹芯保温板制作

预制夹芯保温板（也称预制夹芯保温外墙板或预制夹芯外墙板）是带夹芯保温层的预制构件中的一种，带夹芯保温层的预制构件还有夹芯保温梁、夹芯保温柱等，这类预制构件制作难度大、制作程序烦琐，制作时须精心组织和操作。本章介绍夹芯保温板制作流程（20.1）、拉结件埋设（20.2）、保温板铺设（20.3）和内叶板浇筑（20.4）。

20.1 夹芯保温板制作流程

1. 制作工艺流程

夹芯保温板制作有一次作业法和两次作业法两种方式。一次作业法因无法准确控制内外叶板（也称内外叶墙体或内外叶墙板）混凝土浇筑的间隔时间，保证所有的作业在混凝土初凝前完成，初凝期间或初凝后的一些作业环节可能会导致安装好的拉结件与混凝土的握裹受到扰动，而无法满足锚固要求，存在比较大的质量和安全隐患；另外夹芯保温类预制构件不仅限于夹芯保温板，也有夹芯保温梁和夹芯保温柱等预制构件，这些预制构件的结构体部分较重，如果采用一次作业法制作，一旦对拉结件造成扰动，无法满足锚固要求，质量和安全隐患更大，所以笔者不建议采用一次作业法。这里只介绍采用两次作业法制作夹芯保温板的相关作业内容。

采用 FRP 拉结件和采用金属拉结件的工艺流程分别如下：

（1）采用 FRP 拉结件的工艺流程

（第一次作业）模台清理→脱模剂涂擦→模具组装→外

叶板钢筋骨架、窗框入模→放置保护层垫块→安装预埋件→隐蔽工程验收→外叶板混凝土浇筑→浇筑面处理→铺设保温材料→拉结件安装就位→预制构件覆盖→蒸汽养护→（第二次作业）检验外叶板混凝土强度→内叶板钢筋骨架入模→放置保护层垫块→安装预埋件→内叶板混凝土浇筑→浇筑面处理→预制构件覆盖→蒸汽养护→脱模起吊。

（2）采用金属拉结件的工艺流程

（第一次作业）模台清理→脱模剂涂擦→模具组装→外叶板钢筋骨架、窗框入模→放置保护层垫块→安装拉结件并与外叶板钢筋骨架连接→安装预埋件→隐蔽工程验收→外叶板混凝土浇筑→浇筑面处理→预制构件覆盖→蒸汽养护→（第二次作业）检验外叶板混凝土强度→铺设保温材料→内叶板钢筋骨架入模→放置保护层垫块→拉结件与内叶板钢筋骨架连接→安装预埋件→内叶板混凝土浇筑→浇筑面处理→预制构件覆盖→蒸汽养护→脱模起吊。

2. 制作工艺流程图解

1）采用 FRP 拉结件的夹芯保温板制作部分工艺流程见图 20-1～图 20-9。

图 20-1　模台清理

图 20-2　外叶板钢筋骨架入模（一）

图 20-3　安装预埋件

图 20-4　外叶板混凝土浇筑（一）

图 20-5　铺设保温板

图 20-6　安装拉结件

图 20-7　养护后内叶板钢筋骨架入模

图 20-8 内叶板混凝土浇筑（一）

图 20-9 浇筑面处理（一）

2）采用金属拉结件的夹芯保温板制作部分工艺流程见图 20-10～图 20-18。

图 20-10 外叶板钢筋骨架入模（二）

图 20-11　金属拉结件与外叶板钢筋骨架固定

图 20-12　外叶板混凝土浇筑（二）

图 20-13　养护后铺设保温板

图 20-14　内叶板钢筋骨架入模

图 20-15　金属拉结件与内叶板钢筋骨架固定

图 20-16　调整固定保温板

图 20-17　内叶板混凝土浇筑（二）

图 20-18　浇筑面处理（二）

20.2　拉结件埋设

夹芯保温板常用拉结件有两种：一种是预埋式金属拉结件（又称为"哈芬拉结"），见图 20-19 和图20-20；另一种是插入式 FRP（纤维强化塑料）拉结件，见图 20-21。

图 20-19　哈芬不锈钢拉结件

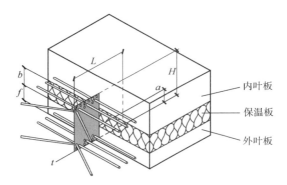

图 20-20　板式不锈钢拉结件应用示意图

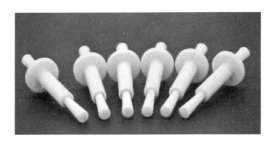

图 20-21　FRP 拉结件

夹芯保温板主要采用拉结件将内外叶板进行连接。在预制构件成型过程中，应确保拉结件的锚固长度，以确保混凝土与拉结件间的有效握裹力。

1. FRP 拉结件的埋设要点

1）FRP 拉结件采用插入的方式进行埋设。

2）在外叶板混凝土浇筑后，于初凝前插入拉结件，防止拉结件在混凝土开始凝结后插不进去，或虽然插进去了但混凝土握裹不住拉结件。

3）不应直接将拉结件插入保温板，而是要预先在保温板上钻孔后插入，在插入过程中应使 FRP 塑料护套与保温材料表面平齐并旋转 90°。插入拉结件后，应在顶端轻击数下，振实周边混凝土，确保混凝土与拉结件握裹良好。

4）严禁保温板未钻孔，隔着保温板插入拉结件，这样的插入方式会把保温板破碎的颗粒带入混凝土中，破碎颗粒与混凝土共同包裹拉结件会直接削弱拉结件的锚固力量，造成安全隐患。

5）无论采用何种拉结件都应确保在内、外叶板混凝土层中的有效锚固长度。拉结件在混凝土中的锚固方式应当有充分可靠的试验结果支持，外叶板厚度较薄，一般只有 60mm 厚，最薄的板只有 50mm 厚，对锚固的不利影响要充分考虑。

2. 金属拉结件的埋设要点

1）金属拉结件采用预埋的方式进行埋设。

2）外叶板混凝土浇筑前，在金属拉结件的连接孔内穿入钢筋与外叶板钢筋骨架进行绑扎连接（图 20-11），浇筑好混凝土后严禁扰动拉结件。

3）采用垂直状态的金属拉结件时，可轻压保温板使其直接穿过拉结件；当使用非垂直状态金属拉结件时，保温板应预先开槽后再铺设，且须对铺设过程中损坏、槽口部分的保温材料填补完整。

4）内叶板混凝土浇筑前，在金属拉结件的连接孔内穿入钢筋与内叶板钢筋骨架进行绑扎连接（图 20-15），然后浇筑混凝土。

20.3 保温板铺设

1）根据设计要求选择合格的保温板。

2）按图纸尺寸切割保温板并编号，保证切口平整，尺寸准确，并预拼装，见图20-22。

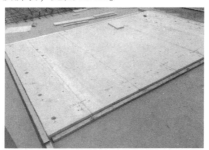

图20-22　保温板剪裁及预拼装

3）根据设计图使用专业工具在保温板上开拉结件的孔或槽。

4）将加工好的保温板按布置图中的编号依次安装，保温板铺设应从四周开始往中间铺设，见图20-23。

图20-23　保温板铺设

5）对于保温板接缝或拉结件留孔的空隙在拉结件安装后用聚氨酯发泡等方式进行填充。

6）保温板安装完成后检查整体平整度，对于有凹凸不平的地方应及时整平。

20.4　内叶板浇筑

1）外叶板经养护达到脱模强度且保温板铺设后，放入内叶板钢筋骨架，安装预埋件，并按设计要求控制好内叶板钢筋骨架与保温板之间的保护层厚度。

2）如采用金属拉结件，需要将拉结件与内叶板钢筋骨架固定（图20-15）；采用FRP拉结件应避免碰撞造成松动。

3）进行内叶板混凝土浇筑（图20-8和图20-17），混凝土放料时不得局部大量堆积，防止破坏保温板平整度或损坏保温板。

4）采用振动棒振捣时，严禁振动棒触及保温板、拉结件和预埋件。

5）浇筑完成后根据设计图样要求处理浇筑面，见图20-9和图20-18。

6）对预制构件进行蒸汽养护。

第 21 章　预制构件存放

　　预制构件存放是预制构件制作过程的一个重要环节，造成预制构件断裂、裂缝、翘曲、倾倒等质量和安全问题的一个很重要的原因就是存放不当。所以，对预制构件的存放作业一定要给予高度的重视。本章介绍预制构件存放方式及要求（21.1）、预制构件存放场地要求（21.2）、插放架、靠放架、垫方、垫块要求（21.3）和预制构件存放的防护（21.4）。

21.1　预制构件存放方式及要求

　　预制构件一般按品种、规格、型号、检验状态分类存放，不同的预制构件存放的方式和要求也不一样，以下给出常见预制构件存放的方式及要求。

1. 叠合楼板存放方式及要求

　　1）叠合楼板宜平放，叠放层数不宜超过 6 层。存放叠合楼板应按同项目、同规格、同型号分别叠放（图 21-1），叠合楼板不宜混叠，如果确需混叠应进行专项设计，避免造成裂缝等。

　　2）叠合楼板一般存放时间不宜超过 2 个月，当需要长期（超过 3 个月）存放时，存放

图 21-1　相同规格、型号的
叠合楼板叠放实例

期间应定期监测叠合楼板的翘曲变形情况，发现问题及时采取纠正措施。

3）存放应该根据存放场地情况和发货要求进行合理的安排，如果存放时间比较长，就应该将同一规格、型号的叠合楼板存放在一起；如果存放时间比较短，就应该将同一楼层和接近发货时间的叠合楼板按同规格、型号叠放的方式存放在一起。

4）叠合楼板存放要保持平稳，底部应放置垫木或混凝土垫块，垫木或垫块应能承受上部所有荷载而不致损坏。垫木或垫块厚度应高于吊环或支点。

5）叠合楼板叠放时，各层支点在纵横方向上均应在同一垂直线上（图21-2），支点位置设置应符合下列原则：

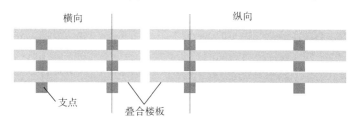

图21-2　叠合楼板各层支点在纵横方向上均在同一垂直线上的示意图

①设计给出了支点位置或吊点位置的，应以设计给出的位置为准。此位置因某些原因不能设为支点时，宜在以此位置为中心不超过叠合楼板长宽各1/20半径范围内寻找合适的支点位置，见图21-3。

②设计未给出支点或吊点位置的，宜在叠合楼板长度和宽度方向的1/4～1/5的位置设置支点（图21-4）。形状不规则的叠合楼板，其支点位置应经计算确定。

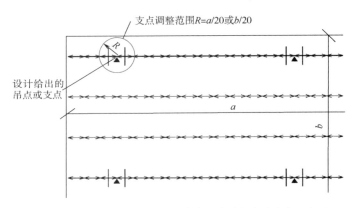

图 21-3　设计给出支点位置时确定叠合楼板存放支点示意图

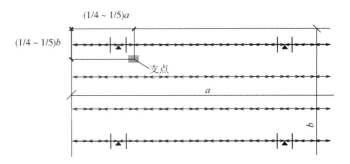

图 21-4　设计未给出支点位置时确定叠合楼板存放支点示意图

③当采用多个支点存放时，建议按图 21-5 设置支点。同时应确保全部支点的上表面在同一平面上（图 21-6），一定要避免边缘支垫低于中间支垫，导致形成过长的悬臂，形成较大的负弯矩产生裂缝；且应保证各支点的固实，不得出现压缩或沉陷等现象。

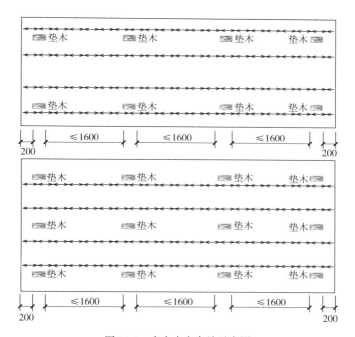

图 21-5　多个支点存放示意图

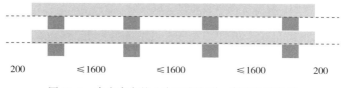

图 21-6　多个支点的上表面应在同一高度的示意图

6）当存放场地地面的平整度无法保证时，最底层叠合楼板下面禁止使用木条通长整垫，避免因中间高两端低导致叠合楼板断裂。

7）叠合楼板上不得放置重物或施加外部荷载，如果长时间这样做将造成叠合楼板的明显翘曲。

8）因场地等原因，叠合楼板必须叠放超过6层时要注意两点：

①要进行结构复核计算。

②防止应力集中，导致叠合楼板局部细微裂缝，存放时未必能发现，在使用时会出现，造成安全隐患。

2. 楼梯存放方式及要求

1）楼梯宜平放，叠放层数不宜超过4层，应按同项目、同规格、同型号分别叠放。

2）应合理设置垫块位置，确保楼梯存放稳定，支点与吊点位置须一致，见图21-7。

图21-7 楼梯支点位置

3）起吊时防止端头磕碰，见图21-8。

4）楼梯采用侧立存放方式时（图21-9）应做好防护，防止倾倒，存放层高不宜超过2层。

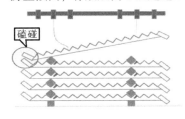

图21-8 起吊时防止磕碰

图21-9 楼梯侧立存放

3. 内外剪力墙板、外挂墙板存放方式及要求

1）对侧向刚度差、重心较高、支承面较窄的预制构件，如内外剪力墙板、外挂墙板等预制构件宜采用插放或靠放的存放方式。

2）插放即采用存放架立式存放，存放架及支撑挡杆应有足够的刚度，应靠稳垫实，见图21-10。

图21-10 立放法存放的外墙板

3）当采用靠放架立放预制构件时，靠放架应具有足够的承载力和刚度，靠放架应放平稳，靠放时必须对称靠放和吊运，预制构件与地面倾斜角度宜大于80°，预制构件上部宜用木块隔开，见图21-11。靠放架的高度应为预制构件高度的2/3以上，见图21-12。有饰面的墙板采用靠放架立放时饰面需朝外。

4）预制构件采用立式存放时，薄弱预制构件、预制构件的薄弱部位和门窗洞口应采取防止变形开裂的临时加固措施。

图21-11 用靠放法存放的外墙板　　图21-12 靠放法使用的靠放架

4. 梁和柱存放方式及要求

1）梁和柱宜平放，具备叠放条件的，叠放层数不宜超

过 3 层。

2）宜用枕木（或方木）作为支撑垫木，支撑垫木应置于吊点下方（单层存放）或吊点下方的外侧（多层存放）。

3）两个枕木（或方木）之间的间距不小于叠放高度的1/2。

4）各层枕木（或方木）的相对位置应在同一条垂直线上，见图 21-13。

图 21-13　上层支撑点位于下层支撑点边缘，造成梁上部裂缝的示意图

5）叠合梁最合理的存放方式是两点支撑，不建议多点支撑，见图 21-14。当不得不采用多点支撑时，应先以两点支撑就位放置稳妥后，再在梁底需要增设支点的位置放置垫块并撑实或在垫块上用木楔塞紧。

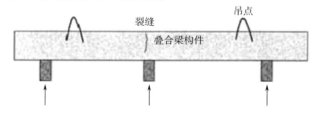

图 21-14　三点支撑中间高，造成梁上部裂缝的示意图

5. 其他预制构件存放方式及要求

1）规则平板式的空调板、阳台板等板式预制构件存放方式及要求参照叠合楼板存放方式及要求。

2）不规则的阳台板、挑檐板、曲面板等预制构件应采用单独平放的方式存放。

3）飘窗应采用支架立式存放或加支撑、拉杆稳固的方式。

4）梁柱一体三维预制构件存放应当设置防止倾倒的专用支架。

5）L形预制构件的存放可参见图21-15和图21-16。

图21-15　L形板存放实例（一）　图21-16　L形板存放实例（二）

6）槽形预制构件的存放可参见图21-17。

7）大型预制构件、异形预制构件的存放须按照设计方案执行。

8）预制构件的不合格品及废品应存放在单独区域，并做好明显标识，严禁与合格品混放。

图21-17　槽形板存放实例

21.2 预制构件存放场地要求

1）存放场地应在门式起重机可以覆盖的范围内。

2）存放场地布置应当方便运输预制构件的大型车辆装车和出入。

3）存放场地应平整、坚实，宜采用硬化地面或草皮砖地面。

4）存放场地应有良好的排水措施。

5）存放预制构件时要留出通道，不宜密集存放。

6）存放场地宜根据工地安装顺序分区存放预制构件。

7）存放库区宜实行分区管理和信息化管理。

21.3 插放架、靠放架、垫方、垫块要求

预制构件存放时，根据不同的预制构件类型采用插放架、靠放架、垫方或垫块来固定和支垫。

1）插放架、靠放架以及一些预制构件存放时使用的托架应由金属材料制成，插放架、靠放架、托架应进行专门设计，其强度、刚度、稳定性应能满足预制构件存放的要求。

2）插放架、靠放架的高度应为所存放预制构件高度的2/3以上（图21-12）。

3）插放架的挡杆应坚固、位置可调且有可靠的限位装置；靠放架底部横挡上面和上横杆外侧面应加5mm厚的橡胶皮。

4）枕木（木方）宜选用质地致密的硬木，常用于柱、梁等较重预制构件的支垫，要根据预制构件重量选用适宜规格的枕木（木方）。

5）垫木多用于楼板等平层叠放的板式预制构件及楼梯

的支垫，垫木一般采用 100mm × 100mm 的木方，长度根据具体情况选用，板类预制构件宜选用长度为 300 ~ 500mm 的木方，楼梯宜选用长度为 400 ~ 600mm 的木方。

6）如果用木板支垫叠合楼板等预制构件，木板的厚度不宜小于 20mm。

7）混凝土垫块可用于楼板、墙板等板式预制构件平叠存放的支垫，混凝土垫块一般为尺寸不小于 100mm 的立方体，垫块的混凝土强度不宜低于 C40。

8）放置在垫方与垫块上面用于保护预制构件表面的隔垫软垫，应采用白橡胶皮等不会掉色的软垫。

21.4 预制构件存放的防护

1）预制构件存放时相互之间应有足够的空间，防止吊运、装卸等作业时相互碰撞造成损坏。

2）预制构件外露的金属预埋件应镀锌或涂刷防锈漆，防止锈蚀及污染预制构件。

3）预制构件外露钢筋应采取防弯折、防锈蚀措施，对已套丝的钢筋端部应盖好保护帽以防碰坏螺纹，同时起到防腐、防锈的效果。

4）预制构件外露保温板应采取防止开裂措施。

5）预制构件的钢筋连接套筒、浆锚孔、预埋件孔洞等应采取防止堵塞的临时封堵措施。

6）预制构件存放支撑的位置和方法，应根据其受力情况确定，但不得超过预制构件承力而造成预制构件损伤。

7）预制构件存放处 2m 内不应进行电焊、气焊、油漆喷涂等作业，以免对预制构件造成污染。

8）预制墙板门框、窗框表面宜采用塑料贴膜或者其他措施进行防护；预制墙板门窗洞口线角宜用槽形木框保护。

9）清水混凝土预制构件、装饰混凝土预制构件和有饰面材的预制构件应制定专项防护措施方案，全过程进行防尘、防油、防污染、防破损；棱角部分可采用角型塑料条进行保护。

10）清水混凝土预制构件、装饰混凝土预制构件和有饰面材的预制构件平放时要对垫木、垫方、枕木（或方木）等与预制构件接触的部分采取隔垫措施。

图 21-18　反打瓷砖的墙板垫块上放置塑料隔离垫

①长型枕木（或方木）等可以使用 PVC 布包裹。

②垫木或混凝土垫方可以在与预制构件接触的一面放置白橡胶皮等隔垫软垫，见图 21-18 和图 21-19。

图 21-19　垫块上放置塑料隔离垫

11）当预制构件与垫木需要线接触或锐角接触时，要在垫木上方放置泡沫等松软材质的隔垫，见图 21-20。

图 21-20　垫木上放置泡沫等松软材质的隔垫

12）预制构件露骨料粗糙面冲洗完成后送入存放场地前应对灌浆套筒的灌浆孔和出浆孔进行透光检查，并清理灌浆套筒内的杂物。

13）冬季生产和存放的预制构件的非贯穿孔洞应采取措施防止雨雪水进入，避免发生冻胀损坏。

14）预制构件在驳运、存放过程中起吊和摆放时，需轻起慢放，避免损坏。

第22章　预制构件运输

本章主要介绍预制构件运输的相关内容，包括预制构件运输方式（22.1）、预制构件装卸操作要点（22.2）和预制构件运输封车固定要求（22.3）。

22.1　预制构件运输方式

预制构件的运输宜选用低底盘平板车（13m长）或低底盘加长平板车（17.5m长）。预制构件运输方式有水平运输和立式运输两种方式。

1. 立式运输方式

对于内、外墙板等竖向预制构件多采用立式运输方式。

在低底盘平板车上放置专用运输架，墙板对称靠放（图22-1）或者插放（图22-2）在运输架上。

图22-1　墙板靠放立式运输

立式运输方式的优点是装卸方便、装车速度快、运输时安全性较好；缺点是预制构件的高度或运输车底盘较高时可能会超高，在限高路段无法通行。

图 22-2　墙板插放立式运输

2. 水平运输方式

水平运输方式是将预制构件单层平放或叠层平放在运输车上进行运输。

叠合楼板、阳台板、楼梯及梁、柱等预制构件通常采用水平运输方式，见图 22-3 ~ 图 22-7。

图 22-3　叠合楼板水平运输

图 22-4 预应力叠合板水平运输

图 22-5 梁水平运输

图 22-6 柱水平运输

图 22-7 楼梯水平运输

梁、柱等预制构件叠放层数不宜超过 3 层；预制楼梯叠放层数不宜超过 4 层；叠合楼板等板类预制构件叠放层数不宜超过 6 层。

水平运输方式的优点是装车后重心较低、运输安全性好、一次能运输较多的预制构件；缺点是对运输车底板平整度及装车时支垫位置、支垫方式以及装车后的封车固定等要求较高。

3. 异形预制构件和大型预制构件运输方式

异形预制构件及大型预制构件须按设计要求确定可靠的运输方式，见图 22-8 和图 22-9。

图 22-8 双连藕梁运输

图 22-9　L 形墙板运输

22.2　预制构件装卸操作要点

1）首次装车前应与施工现场预先沟通，确认现场有无预制构件存放场地。如构件从车上直接吊装到作业面，装车时要精心设计和安排，按照现场吊装顺序来装车，先吊装的构件要放在外侧或上层。

2）预制构件的运输车辆应满足构件尺寸和载重要求，避免超高、超宽、超重。当构件有伸出钢筋时，装车超宽超长复核时应考虑伸出钢筋的长度。

3）预制构件装车前应根据运输计划合理安排装车构件的种类、数量和顺序。

4）进行装卸时应有技术人员等在现场指导作业。

5）装卸预制构件时，应采取两侧对称装卸等保证车体平衡的措施。

6）预制构件应严格按照设计吊点进行起吊。

7）起吊前须检查确认吊索、吊具与预制构件连接可靠，安装牢固。

8）控制好吊运速度，避免造成预制构件大幅度摆动。

9）吊运路线下方禁止有工人作业。

10）装车时最下一层的预制构件下面应垫平、垫实。

11）装车时如果有叠放的预制构件，每层构件间的垫木或垫块应在同一垂直线上。

12）异形偏心预制构件在装车时要充分考虑重心位置，防止偏重。

13）首次运输应安排车辆跟随观察，以便确定和完善装车运输方案。

22.3　预制构件运输封车固定要求

1）要有采取防止预制构件移动、倾倒或变形的固定措施，构件与车体或架子要用封车带绑在一起。

2）预制构件有可能移动的空间要用聚苯乙烯板或其他柔性材料进行隔垫。保证车辆转急弯、紧急制动、上坡、颠簸时构件不移动、不倾倒、不磕碰。

3）宜采用木方作为垫方，木方上应放置白色胶皮，以防滑移及防止预制构件垫方处造成污染或破损。

4）预制构件相互之间要留出间隙，构件之间、构件与车体之间、构件与架子之间要有隔垫，以防在运输过程中构件受到摩擦及磕碰。设置的隔垫要可靠，并有防止隔垫滑落的措施。

5）竖向薄壁预制构件须设置临时防护支架。固定构件或封车绳索接触的构件表面要有柔性并不会造成污染的隔垫。

6）有运输架子时，托架、靠放架、插放架应进行专门设计，要保证架子的强度、刚度和稳定性，并与车体固定牢固。

7）采用靠放架立式运输时，预制构件与车底板面倾斜角度宜大于 80°，构件底面应垫实，构件与底部支垫不得形成线接触。构件应对称靠放，每侧不超过 2 层，构件层间上部需采用木垫块隔离，木垫块应有防滑落措施。

8）采用插放架立式运输时，应采取防止预制构件倾倒的措施，预制构件之间应设置隔离垫块。

9）夹芯保温板采用立式运输时，支承垫方、垫木的位置应设置在内、外叶板的结构受力一侧。如夹芯保温板自重由内叶板承受，均应将存放、运输、吊装过程中的搁置点设于内叶板一侧（承受竖向荷载一侧），反之亦然。

10）对于立式运输的预制构件，由于重心较高，要加强固定措施，可以采取在架子下部增加沙袋等配重措施，确保运输的稳定性。

11）对于超高、超宽、形状特殊的大型预制构件的装车及运输应制定专门的安全保障措施。

第23章 预制构件制作质量要点

本章介绍了预制构件制作常见质量问题及解决办法（23.1）和预制构件制作质量管理要点（23.2）。

23.1 预制构件制作常见质量问题及解决办法

预制构件制作环节常见质量问题及解决办法详见表23-1。

23.2 预制构件制作质量管理要点

预制构件制作环节全过程质量控制包括依据和准备、入口把关、过程控制、结果检查四个环节，预制构件制作环节全过程质量管理要点见表23-2。

表 23-1　预制构件制作环节常见质量问题及解决办法

环节	序号	项目	造成结果	问题原因	责任人	解决办法
1. 材料与配套件采购	1.1	套筒、灌浆料选用了不可靠的产品	影响结构连接可靠性及耐久性	(1)设计没有明确要求 (2)没按照设计要求采购 (3)不合理的降低成本	总包企业、质量总监、工厂总工、驻厂监理	(1)设计应提出明确要求 (2)按设计要求采购 (3)套筒与灌浆料应相匹配 (4)工厂进行试验验证
	1.2	夹芯保温板拉结件选用了不可靠的产品	拉结件损坏，保护层脱落造成安全事故，影响外墙板安全	(1)设计没有明确要求 (2)没按照设计要求采购 (3)不合理的降低成本	总包企业、质量总监、工厂总工、驻厂监理	(1)设计应提出明确要求 (2)按设计要求采购 (3)采购经过试验及项目应用过的产品 (4)工厂进行试验验证
	1.3	预埋螺母、螺栓选用了不可靠的产品	脱模、转运、安装等过程存在安全隐患，容易造成安全事故或预制构件损坏	没选用专业厂家产品	总包企业、质量总监、工厂总工、驻厂监理	(1)总包和工厂技术部门选择厂家 (2)采购有经验的专业厂家的产品 (3)工厂进行试验验证

（续）

环节	序号	项目	造成结果	问题原因	责任人	解决办法
1. 材料与配套件采购	1.4	在工厂粘的橡胶条弹性不好	结构发生层间位移时，预制构件活动空间不够	(1) 设计没有给出弹性要求 (2) 没按照设计要求选用 (3) 不合理的降低成本	设计负责人、总包企业质量总监、驻厂监理	(1) 设计应提出明确要求 (2) 按设计要求采购 (3) 样品做弹性压缩量试验
2. 预制构件制作	2.1	混凝土强度不足	形成结构安全隐患	(1) 搅拌混凝土时配合比出现错误 (2) 原材料使用出现错误 (3) 不合理的降低成本	试验室负责人、工厂总工	(1) 混凝土搅拌前由试验室相关人员确认混凝土配合比和原材料使用是否正确，确认无误后，方可搅拌混凝土 (2) 按要求采购原材料并经试验验证
	2.2	预制构件表面蜂窝、孔洞、夹渣	预制构件耐久性差，影响结构使用寿命	(1) 漏振或振捣不实 (2) 浇筑方法不当，不分层或分层过厚	质检员	(1) 浇筑前模具须清理干净 (2) 模具组装要严密、牢固

环节	序号	项目	造成结果	问题原因	责任人	解决办法
2. 预制构件制作	2.2	预制构件表面蜂窝、孔洞、夹渣	预制构件耐久性差，影响结构使用寿命	(3) 模板接缝不严、漏浆 (4) 模板表面污染未及时清除	质检员	(3) 混凝土要分层浇筑和振捣，振捣时间要充足
	2.3	预制构件表面疏松	预制构件耐久性差，影响结构使用寿命	漏振或振捣不实	振捣作业人员	振捣时间要充足
	2.4	预制构件表面龟裂	预制构件耐久性差，影响结构使用寿命	搅拌混凝土时水灰比过大	搅拌作业人员	要按试验室提供的配合比严格控制混凝土的水灰比
	2.5	预制构件表面裂缝	影响结构可靠性	(1) 预制构件养护不足，浇筑完成后混凝土静养就开始蒸汽养护 (2) 蒸汽养护后脱模温差过大	养护作业人员	(1) 蒸汽养护前预制构件要静养 2～6h (2) 脱模后预制构件要暂时放在厂房内，避免温差过大

（续）

环节	序号	项目	造成结果	问题原因	责任人	解决办法
2. 预制构件制作	2.6	预制构件预埋件附近裂缝	造成预埋件握裹力不足，形成安全隐患	预制构件制作完成后，固定预埋件的模具上固定预埋件的螺钉拧下过早	组模作业人员	固定预埋件的螺钉要在养护结束后拆卸
	2.7	预制构件表面起灰	预制构件抗冻性差，影响结构稳定性	搅拌混凝土时水灰比过大	搅拌作业人员	要按试验室提供的配合比严格控制混凝土的水灰比
	2.8	露筋	钢筋保护层不够，钢筋生锈后膨胀，导致预制构件损坏	(1)漏振或振捣不实 (2)保护层垫块间隔过大 (3)预制构件制作时保护层垫块放置错误	组模、振捣作业人员	(1)振捣时不能漏振，振捣时间要充足 (2)保护层垫块间距要满足设计要求 (3)制作时要严格按照图纸上标注的保护层厚度来安装保护层垫块
	2.9	伸出钢筋数量或直径不对	预制构件无法安装，成为废品	钢筋加工错误，检查人员没有及时发现	质检员钢筋作业人员	钢筋要按图制作并严格检查

环节	序号	项目	造成结果	问题原因	责任人	解决办法
	2.10	伸出钢筋位置差过大	预制构件无法安装	钢筋安装错误，检查人员没有及时发现	质检员 钢筋作业人员	钢筋要按图样安装并严格检查
	2.11	伸出钢筋伸出长度不足	连接或锚固长度不够，形成结构安全隐患	钢筋加工安装错误，检查人员没有及时发现	质检员 钢筋作业人员	钢筋应按图样制作、安装并严格检查
2. 预制构件制作	2.12	套筒、浆锚孔、钢筋预留孔、预埋件位置误差	预制构件无法安装，成为废品	预制构件制作时检查人员和制作工人没能及时发现	质检员 相关作业人员	制作工人和质检员要严格检查
	2.13	套筒、浆锚孔、钢筋预留孔不垂直	预制构件无法安装，成为废品	预制构件制作时检查人员和制作工人没能及时发现	质检员 相关作业人员	制作工人和质检员要严格检查

266

环节	序号	项目	造成结果	问题原因	责任人	解决办法
	2.14	缺棱掉角、破损	外观质量不合格	预制构件脱模时强度不足	质检员 相关作业人员	预制构件在脱模前要有试验室给出的强度报告，达到脱模强度后方可脱模
	2.15	尺寸误差超过允许误差	预制构件尺寸偏差超标，成为不合格品	模具组装不到位或制作时模具移位、胀模等	相关作业人员 质检员	组装模具时制作工人和质检员要严格按照图纸尺寸组模，模具薄弱部位要有加强措施
2. 预制构件制作	2.16	拉结件锚固不牢	外叶板与内叶板连接出现问题，造成严重质量和安全隐患	（1）没有在混凝土初凝前插入FRP拉结件 （2）保温板没有提前钻孔，FRP拉结件穿过保温层插入 （3）金属拉结件与钢筋绑扎不牢固 （4）FRP或金属拉结件受到扰动	相关作业人员 质检员	（1）FRP拉结件要在混凝土初凝前插入 （2）保温板必须提前钻孔 （3）金属拉结件必须与钢筋绑扎牢固 （4）拉结件埋设后禁止受到扰动

（续）

环节	序号	项目	造成结果	问题原因	责任人	解决办法
2. 预制构件制作	2.17	夹芯保温板拉结件处空隙过大	造成冷桥现象	安装保温板工人不细心	质检员 相关作业人员	拉结件空隙部位要用保温材料填充密实
3. 存放、运输	3.1	存放支承点位置不对	预制构件断裂，成为废品	（1）设计没有给出支承点的规定（2）支承点没按设计要求布置（3）地面不平整（4）支垫高度不一	工厂总工 相关作业人员	（1）设计预制给出的技术要求（2）严格按设计要求存放
	3.2	预制构件碰损坏	外观质量不合格	（1）吊点设计不平衡（2）吊运过程中预制构件没有做防护	质检员 相关作业人员	（1）设计吊点应考虑重心平衡（2）吊运过程中要对预制构件进行保护，落吊时吊钩速度要缓慢
	3.3	预制构件被污染	外观质量不合格	存放、运输和安装过程中没有做好预制构件保护	质检员 相关作业人员	（1）要对预制构件进行苫盖（2）预制构件不能接触油漆等污染源

268

表23-2 预制构件制作环节全过程质量管理要点

序号	环节	依据或准备		入口把关		过程控制		结果检查	
		事项	责任岗位	事项	责任岗位	事项	责任岗位	事项	责任岗位
1	材料与配件采购、入厂	(1)依据设计和规范要求制定采购标准 (2)制定验收程序 (3)制定保管规定	技术负责人	进厂验收、检验	质检员、试验员、保管员	检查是否按要求保管	保管员、质检员	材料使用中是否有问题	质检员
2	套筒灌浆试验	(1)依据标准规范 (2)准备试验器材 (3)制定操作规程	技术负责人、试验员	(1)进场验收(包括外观、质量、标识和尺寸偏差、质保资料) (2)接头检验工艺试件 (3)灌浆料试件	质检员、试验员、保管员	检查是否按工艺要求进行试验、养护	技术负责人、质量负责人、试验员	(1)套筒工艺检验结果满足规范的要求 (2)投入按规范生产后要求的批次和检查数量进行连接接头抗拉强度试验	技术负责人、质量负责人、驻厂监理

序号	环节	依据或准备		入口把关		过程控制		结果检查	
		事项	责任岗位	事项	责任岗位	事项	责任岗位	事项	责任岗位
3	模具制作	(1)编制《模具设计要求》,并提供给模具制作单位 (2)设计模具生产构件制造图 (3)审查复核模具设计	模具厂家技术负责人、构件技术负责人	(1)模具进场验收 (2)模具生产的首个构件预制构件检查验收	质量负责人、质检员	每次组模后检查,合格后才能浇筑混凝土	技术负责人、质量负责人、质检员	每次预制构件脱模后检查外观和尺寸,出现质量问题如与模具有关,模具必须经过修理合格后才能继续使用	质检员、生产负责人、技术负责人
4	模具清理·组装	(1)依据规范标准、图纸 (2)编制模具操作规程 (3)培训工人 (4)准备工具 (5)制定检验标准	技术负责人、生产负责人、作业人员、质检员	(1)模具清理是否到位 (2)组装是否正确 (3)螺栓是否拧紧	生产负责人、作业人员、质检员	组模后检、浇筑混凝土过程检查	生产负责人、作业人员、质量负责人、质检员	每次预制构件脱模后检查外观和尺寸、预埋件位置等,发现质量问题及时进行调整	作业人、质检员

序号	环节	依据或准备		入口把关		过程控制		结果检查	
		事项	责任岗位	事项	责任岗位	事项	责任岗位	事项	责任岗位
5	脱模剂或缓凝剂	(1)依据标准、规范、图纸 (2)做试验,编制操作规程 (3)培训工人	技术负责人、试验质量负责人	试用脱模剂或缓凝剂做试验验收样板	技术负责人、生产负责人、质量负责人	(1)脱模剂按要求涂刷均匀 (2)缓凝剂按要求位置涂刷 (3)涂刷后在规定时间内浇筑	质量负责人、作业人员	每次预制构件脱模及冲洗后粗糙面情况,发现质量问题及时进行调整	作业人员、质检员
6	装饰面层铺设或制作	(1)依据图纸、标准、规范 (2)依据图纸安全铺制 (3)编制操作规程 (4)培训工人	技术负责人、生产负责人、质量负责人	(1)半成品加工、检查 (2)装饰面层试铺设	技术负责人、生产负责人、质量负责人	(1)半成品加工过程质量控制 (2)隔离剂涂刷情况 (3)安全钩放置情况 (4)装饰面层铺设后检查位置、尺寸、缝隙	生产负责人、作业人员、质量负责人	(1)预制构件脱模后饰面外观成型状态,发现质量问题及时进行调整 (2)是否有破损、污染	作业人员、质检员

序号	环节	依据或准备		入口把关		过程控制		结果检查	
		事项	责任岗位	事项	责任岗位	事项	责任岗位	事项	责任岗位
7	钢筋制作与入模	(1)依据图纸 (2)规程 (3)编制操作 (3)准备工器具 (4)培训工人 (5)制定检验标准	技术负责人、生产负责人、质量负责人	钢筋下料和成型半成品检查	作业人员、质检员	(1)钢筋骨架扎检查 (2)钢筋骨架模检查 (3)连接钢筋、加强筋和保护层检查	作业人员、质检员	复查伸出的外露钢筋的长度和中心位置	技术负责人、生产负责人、作业人员、质量负责人、厂驻监理
8	套筒试验	(1)依据规范和标准 (2)准备试验器材 (3)制定操作规程	技术负责人、生产负责人、试验员	具备型式检验报告,工艺检测合格	技术负责人、试验员、质量负责人	(1)检查是否按规范要求的检查数量、批次、频次进行套筒试验 (2)当更换钢筋生产企业或同企业生产的钢筋外形尺寸出现较大差异时,应再次进行工艺检验	技术负责人、试验员、质量负责人	套筒是否符合抗拉强度要求,合格后方能投入使用	技术负责人、生产负责人、作业人员、质量负责人、厂驻监理

序号	环节	依据或准备		入口把关		过程控制		结果检查	
		事项	责任岗位	事项	责任岗位	事项	责任岗位	事项	责任岗位
9	套筒、预埋件等固定	（1）依据图纸 （2）编制操作规程 （3）培训工人 （4）制定检验标准	技术负责人	（1）进场验收与检验 （2）首次安装试安装	技术负责人、作业员、质量负责人	（1）是否按图纸要求安装套筒和预埋件 （2）半灌浆套筒与钢筋连接检验	技术负责人、质量负责人	（1）脱模后进行外观和尺寸检查 （2）套筒进行透光检查 （3）对导致问题发生的环节进行整改	质检员、作业人员、驻厂监理
10	门窗框入模	（1）依据图纸 （2）编制操作规程 （3）培训工人 （4）制定检验标准	技术负责人	（1）外观与尺寸检查 （2）检查规格型号 （3）对照样块	保管员、质检员	（1）是否正确预埋门窗框，包括：规格、型号、开启方向、埋入深度、锚固件等 （2）定位和保护措施是否到位	质检员、技术负责人、生产负责人	脱模后进行外观检查，窗框安装是否符合允许偏差要求，成品保护是否到位	质检员、技术负责人、生产负责人

序号	环节	依据或准备		入口把关		过程控制		结果检查	
		事项	责任岗位	事项	责任岗位	事项	责任岗位	事项	责任岗位
11	混凝土浇筑	（1）混凝土配合比试验（2）制定混凝土浇筑操作规程并进行技术交底（3）混凝土计量系统校验（4）混凝土配合比通知单下达	试验员、技术负责人、质检员	（1）隐蔽工程验收（2）模具验收合格（3）混凝土搅拌浇筑指令下达	质检员	（1）混凝土搅拌质量（2）制作混凝土强度试块（3）混凝土运输浇筑时间控制（4）混凝土入模与振捣质量控制（5）混凝土表面处理质量控制	作业人员、质检员、试验员	脱模后进行表面和尺寸检查，有问题进行处理，制定预防措施并贯彻执行	制作车间负责人、质检负责人、技术负责人、作业人员
12	夹芯保温板制作	（1）依据图纸（2）编制操作规程（3）培训工人（4）制定检验标准	技术负责人	（1）保温材料和拉结件进场检验（2）样板制作	技术负责人、作业工段负责人、质检员	是否按照图纸、操作规程要求埋设拉结件和辅设保温板	质检员、作业工段负责人	脱模后进行表面缺陷检查，有问题进行处理，制定预防措施，并贯彻执行	制作车间负责人、质检负责人、技术负责人

序号	环节	依据或准备		入口把关		过程控制		结果检查	
		事项	责任岗位	事项	责任岗位	事项	责任岗位	事项	责任岗位
13	混凝土养护	(1)工艺要求 (2)制定养护曲线 (3)编制操作规程 (4)培训工人	技术负责人	(1)前道作业工序已完成并预养护 (2)温度记录	作业工段负责人、质检员	(1)是否按照操作规程要求进行养护 (2)试块试压	作业工段负责人	拆模前表观检查,有问题进行处理,制定措施,并贯彻执行	制作车间负责人、质检员、技术负责人
14	脱模	(1)技术部下达脱模通知 (2)准备吊运工具和支承器材 (3)制定操作规程 (4)培训工人	技术负责人、作业工段负责人	(1)同条作业试块强度 (2)吊点周边混凝土表观检查	试验员、技术负责人、质检员	(1)是否按照图纸和操作规程要求进行脱模 (2)脱模初检	作业人员、质检员	脱模后表面缺陷检查,有问题进行处理,制定措施,并贯彻执行	制作车间负责人、质检员、技术负责人

序号	环节	依据或准备		入口把关		过程控制		结果检查	
		事项	责任岗位	事项	责任岗位	事项	责任岗位	事项	责任岗位
15	厂内运输、存放	(1)依据图纸 (2)制定存放方案 (3)准备吊运工具和支承器材 (4)制定操作规程 (5)培训工人	技术负责人、作业工段负责人、生产负责人	(1)运输车辆 (2)道路情况	作业人员、生产车间负责人	是否按照存放方案和操作规程进行的运输构件和存放	质检员、作业工段负责人、技术负责人	对运输后存放构件进行复检，对合格产品进行标识	质量负责人、作业工段负责人
16	修补	(1)依据规范和标准 (2)准备修补材料 (3)制定操作规程	技术负责人、作业工段负责人	(1)一般缺陷或严重缺陷判断 (2)允许修复的严重缺陷应报原设计单位认可	质检员、技术负责人	(1)是否按技术方案处理 (2)重新检查验收	质检员、作业工段负责人、技术负责人	(1)修补后表观质量检查 (2)制定预防措施，并贯彻执行	制作车间负责人、质检员、技术负责人

序号	环节	依据或准备		入口把关		过程控制		结果检查	
		事项	责任岗位	事项	责任岗位	事项	责任岗位	事项	责任岗位
17	出厂检验、档案与文件	(1)制定出厂检验标准 (2)制定出厂检验操作规程 (3)制定档案和文件的归档标准及流程	技术负责人、资料员	(1)确定档案保管场所 (2)技术资料由专人管理	技术负责人	各部门分别收集和保管技术资料	各部门	(1)满足质量要求的构件准予出厂 (2)将各部门收集的技术资料归档	质量负责人、资料员
18	装车、运输	(1)依据图纸、规范和标准 (2)制定运输方案 (3)运输跨线勘查 (4)大型构件的运输和码放应有质量安全保证措施 (5)编制操作规程	技术负责人、运输单位负责人	(1)核实预制构件编号 (2)目测预制构件外观状态 (3)检查合格标识	质检员、作业工段负责人	(1)是否按照运输方案和操作规程执行 (2)二次驳运损坏的部位要及时处理 (3)标识是否清楚	质检员、作业工段负责人	运输至现场，并办理预制构件移交手续	作业工段负责人

第24章 预制构件制作安全与文明生产

本章介绍了预制构件制作安全生产要点（24.1）和预制构件制作文明生产要点（24.2）。

24.1 预制构件制作安全生产要点

24.1.1 预制构件安全生产特点

目前，国内全自动流水线工艺所能生产的预制构件种类非常少，预制构件生产大都采用非全自动工艺，包括固定模台工艺和流水线工艺，非全自动工艺在安全生产管理方面有以下特点。

1. 劳动密集型

预制构件年生产能力为 1 万 m^3 大约需要 60～80 人，年生产能力为 5 万 m^3 大约需要 250～300 人，劳动力密集，违章作业发生的概率较高，对安全培训、违章检查与管理的要求比较高。

2. 吊运作业密度大、起重量大

预制构件制作车间和存放场地需要配置较多起重机，还可能有临时租用的起重机，材料、模具、钢筋骨架、混凝土和预制构件吊运装卸频繁，吊运重量也比较大，还有空间交叉作业。

3. 水平运输量大

厂内有较多水平运输作业，材料、模具、钢筋骨架、混凝土、预制构件等水平运输频繁，平面交叉作业多。

4. 人工操作的设备与电动工具多

钢筋加工设备、电动扳手、振动器、打磨机等人工操作的设备与工具较多，移动电源线多，触电危险源多。

5. 作业环境粉尘多

预制构件制作车间粉尘较多，水泥仓和搅拌站也有扬尘隐患。

6. 立式存放物体多

立式模具和预制构件立式存放情况比较普遍，容易造成倾倒。

7. 切割及焊接作业多

模具等金属材料切割、焊接作业较多，且现场又有保温板、蒸养罩等易燃物品，易引发火灾。

24.1.2 安全防范重点

预制构件生产安全防范重点见表24-1。

24.1.3 安全管理要点

1）建立安全生产责任制，设立安全生产管理组织机构。

2）制定各个作业环节的安全操作规程，重点是吊运、模具组装拆卸、钢筋入模等环节的安全操作规程。

3）制定设备与工具使用安全操作规程，重点是特种设备、手持电动工具的安全操作规程。

4）制定安全培训制度并严格执行。

5）列出安全防范风险源清单和防范措施并严格落实。

6）建立安全检查制度，重点检查起重设备、吊索、吊具、预制构件存放、电气电源、蒸汽管线等；对发现的问题、隐患进行整改处理。

表 24-1 预制构件生产安全防范重点

类型	序号	作业	事故类型	原因	预防措施	责任岗位
起重作业	1	钢筋卸车	物体坠落伤人、碰撞	(1) 吊索、吊具设计强度不够或损坏 (2) 吊钩脱钩 (3) 起吊高度不够 (4) 吊运作业区下方有人员 (5) 吊运物品落地后摆放不稳定 (6) 吊索具未按规定使用安装 (7) 设备发生故障或违章作业	(1) 起吊重物前,应检查索具的牢固、安全性 (2) 索具与吊索有损伤的吊索和索具应及时更换 (3) 起吊作业时,作业范围内严禁站人 (4) 相关生产人员定期进行安全培训 (5) 工作期间必须佩戴安全帽、防砸鞋等防护工具 (6) 摆放预制构件时一定要摆放稳,防止预制构件倒塌	作业人员
	2	钢筋骨架吊运				作业人员
	3	模具吊运				作业人员
	4	混凝土料斗吊运				作业人员
	5	预制构件脱模				作业人员
	6	预制构件吊运				作业人员
	7	预制构件装车				作业人员

类型	序号	作业	事故类型	原因	预防措施	责任岗位
水平运输	8	材料水平运输	挂碰、撞人	（1）物品未分区、摆放杂乱 （2）运输道路未分区 （3）作业人员违规进入运输通道	（1）物品应做到有序、分类摆放 （2）预留运输车通道，以方便进出货物 （3）作业人员应照章作业	作业人员
	9	预制构件水平运输				作业人员
	10	模具水平运输				作业人员
设备工具	11	振捣作业	触电	电动设备或工具的电源线漏电	（1）生产人员作业前，应正确佩戴和使用安全护具 （2）及时检查设备和工具的安全性 （3）正确使用电动设备，不违规操作	安全员 作业人员
	12	组模作业				安全员 作业人员

类型	序号	作业	事故类型	原因	预防措施	责任岗位
其他作业	13	钢筋入模作业	伸出钢筋伤人	伸出钢筋没有醒目标识	设置安全标识,定期进行安全培训	安全员 作业人员
	14	高模具组模	倾倒,伤人	摆放不稳	摆放模具时一定要摆平放稳,外侧应加支撑,防止倾倒	安全员 作业人员
	15	墙板立式存放	倾倒,伤人	摆放不稳	应有临时存放支架,避免出现预制构件倒塌	安全员 作业人员
	16	水泥仓泄露	材料浪费,粉尘污染	设备老化,维护不到位	定期检查和维护设备	作业人员
	17	落地灰粉尘	环境污染,职业病危害	场地未及时清洁	及时清理场地,必要时可采用洒水方法	作业人员
	18	清扫模具粉尘	环境污染,职业病危害	模台,模具未及时清理	浇筑后模具上的混凝土残渣必须及时清理	作业人员

类型	序号	作业	事故类型	原因	预防措施	责任岗位
其他作业	19	钢筋加工作业	机械伤手、伤人	（1）未正确佩戴和使用防护具 （2）设备未定期维护 （3）违反操作规程作业	（1）生产人员作业前，应正确佩戴和使用安全护具 （2）及时检查设备安全性 （3）正确使用电动设备 （4）严格执行操作规程	安全员 作业人员
	20	保温材料存放或制作	失火	电器、电路短路造成的明火或其他明火	设置专门的存放场地，存放场地配备消防器材，并严防明火	安全员
工人违章现象	21	叉车作业	叉车碰到预制构件挤伤	（1）叉车工无证操作 （2）倒车时车碰到预制构件挤伤人	无证操作，特殊工种要求持证上岗	安全员
	22	门式起重机行走作业	门式起重机行走撞到轨道旁作业人员	起重工突然操作没有启动警报	（1）特殊工种要求持证上岗 （2）加强培训操作规程，告知工人危险源	安全员 起重工

283

类型	序号	作业	事故类型	原因	预防措施	责任岗位
工人违章现象	23	私自乱接电源线	乱接电源触电伤人	不通知电工，私自带电作业，乱接电源线	(1) 特殊工种要求持证上岗 (2) 禁止违章违规作业	安全员
	24	切割钢筋作业	切割钢筋时铁屑伤到眼睛	没有按照要求佩戴防护眼镜	(1) 按要求佩戴安全防护用品 (2) 加强培训操作规程	安全员 作业人员
	25	角磨机切割作业	角磨机切割预制构件伤到人	角磨机在开关开着的情况下插电，没有抓牢角磨机	加强培训操作规程	安全员 作业人员
	26	气割割板	乙炔回火	操作不当导致乙炔沿着胶管着火	(1) 特殊工种要求持证上岗 (2) 加强培训操作规程	安全员 作业人员

7）组织违章巡查，在违章作业和安全事故易发区设置监控视频。

8）建立定期安全列会制度，总结安全生产情况，布置安全生产要求。

9）制定安全救援应急预案。

10）建立安全事故总结、调查、处理制度。

11）所有与安全相关的工作，都要做好记录。

24.1.4　安全设计

1）厂区车流、人流设计与道路划分。

2）车间分区与通道划分。

3）预制构件存放场地分区与道路设计。

4）大型预制构件浇筑混凝土、修补、表面处理作业的脚手架设计。

5）吊具、吊索、存放架的设计。

24.1.5　安全设施

1）高大型预制构件模具的支撑设施。

2）大型预制构件或预制构件立式存放的靠放架。

3）大型预制构件制作脚手架。

4）电动工具电源线架立。

5）按要求配置有效的灭火器。

24.1.6　安全计划

除常规安全管理工作外，每个订单履约前，须制定该订单的安全生产计划。包括：

1）该订单需要的安全设施。

2）如果有新预制构件或异形预制构件，进行专用吊具设计。

    3）大型预制构件制作脚手架设计。

    4）预制构件存放方案。

    5）预制构件装车方案等。

24. 1. 7　安全培训

    工厂安全培训是日常工作，其主要内容如下：

    1）安全守则、岗位标准和操作规程的培训。

    2）工厂危险源分析和预防措施。

    3）各作业环节、场所安全注意事项、防范措施以及以往事故与隐患案例。重点是吊运、水平运输、用电、预制构件存放、设备与工具使用的安全注意事项。

    4）起重设备吊索吊具维护检查规定。

    5）动火作业安全要求和消防规定。

    6）劳保护具使用规定等。

24. 1. 8　安全护具

    1）生产人员必须穿戴安全帽、皮质手套、防砸鞋等安全护具，见图 24-1。

图 24-1　生产人员穿戴安全护具

2）有粉尘的作业场所和油漆车间须戴防尘防毒口罩。

3）打磨修补作业须带防护镜和防尘口罩。

24.1.9 安全标识

1）外伸钢筋应做醒目提示。

2）物品堆放防止磕绊的提示。

3）蒸汽管线和养护部位要有醒目标识。

4）安全出口标识。

5）其他危险点标识。

24.2 预制构件制作文明生产要点

1）建立文明生产管理制度。

2）设置定置管理图，确定文明生产管理责任区。

3）厂区道路区分人行道、车行道，标识清楚。

4）厂内停车进行区域划分，设置员工电动车、自行车等专用停放设施，标识清楚，有序停放。

5）车间内按定置管理的要求，将预制构件、模具、工具、材料、吊具、备品备件等全部整齐有序地存放在划定区域，严禁在通道上放置物品，见图24-2。

图24-2 工厂内部划定区域

6）预制构件存放场地合理设计、分区标识，有序存放。

7）模具、地面混凝土残渣等要及时清理。

8）设备、工具要及时清理，保持干净整洁。

9）库房内物品要分类存放、标识清晰，小件物品应在专用货架上整齐摆放。

10）操作台、工具箱、换衣箱等的物品要有序整齐，分类存放。

11）作业区域内，操作人员养成作业完成随时清理、班前班后定期清理的制度和习惯。

12）车间、场地和办公室建立日常卫生管理制度。